Geld verdienen mit Pinterest

Affiliate-Marketing ohne Webseite

- Simone Cooper -

Impressum

Simone Cooper
c/o Autorenservices.de
Birkenallee 24
36037 Fulda
E-Mail: simone.cooper@freenet.de
Tel. 0176/47019160

Cover: Grafik Design Ivonne Biereye → ivonnebiereye@gmx.de

Inhalt

1 Einführung

Dieses Buch ist genau das Richtige für dich, wenn du online Geld verdienen möchtest, ohne dafür eigene Produkte zu verkaufen oder einen eigenen Blog zu betreiben.

Lange Zeit glaubte ich, dass man nur über eine eigene Webseite oder einen Blog Affiliate-Marketing betreiben kann, um damit Einkünfte zu erwirtschaften. Allerdings ist es sehr zeitaufwendig und mühsam einen Blog aufzubauen und diesen bekannt zu machen. Bis man mit dieser Vorgehensweise eine nennenswerte Reichweite erreicht hat und mit seinen Affiliate-Links Einnahmen generieren kann, vergehen oft Jahre, oder man schafft es nie.

Selbstverständlich gibt es zahlreiche Beispiele, bei denen sich Betreiber von Nischen-Webseiten und erfolgreichen Blogs eine goldene Nase mit Affiliate-Marketing verdienen. Dennoch ist die Anzahl der Personen viel größer, die viel Mühe, Zeit und Kosten in ihren Online-Auftritt stecken und wenig oder gar kein Geld damit erwirtschaften.

Es gibt viele, die ihren Blog nur hobbymäßig betreiben und diesen gar nicht monetarisieren wollen oder die, denen es reicht ihre monatlichen Hosting Kosten wieder reinzubekommen, aber von denen rede ich nicht. Dieses Buch richtet sich an Personen, die neben dem Spaß an der Sache auch das Ziel verfolgen, damit ein langfristiges, passives Einkommen nebenbei zu erwirtschaften.

Durch Zufall bin ich vor ein paar Monaten auf ein YouTube Video gestoßen, in dem eine bekannte amerikanische Bloggerin erklärt hat, wie sie bei Pinterest ein enormes Einkommen über Affiliate-Links verdient. Ich war bisher immer der Meinung, dass Affiliate-Links bei Pinterest gar nicht erlaubt sind, ich kannte die Plattform bisher nur privat und nutze sie zur Ideensuche und Inspiration. Der Gedanke gefiel mir sofort und ich begann mit der Recherche, ob das Ganze auch in Deutschland funktionieren kann und probierte wahnsinnig viel aus.

Und tatsächlich: Es funktioniert! Nach nur wenigen Monaten habe ich mir ein eigenes umfangreiches Pinterest Profil mit einer treuen Follower-Gemeinschaft aufgebaut und verdiene tatsächlich Geld mit meinen Affiliate-Links - ohne Blog, ohne Webseite und ohne WordPress-Nerd-Zeug. Es ist wirklich kinderleicht, man benötigt keinerlei Vorkenntnisse, lediglich ein wenig

Fleiß und Durchhaltevermögen.

Durch diese Erfolge inspiriert ist dieses Buch entstanden, denn ich möchte meine Erkenntnisse weitergeben und dich dazu ermuntern einen ersten Schritt hin zum passiven Einkommen zu unternehmen.

Das Buch gliedert sich in zwei Bereiche: Für alle, die sich noch gar nicht mit dem Thema Pinterest beschäftigt haben und noch keinen Account haben, macht es Sinn das Buch von Anfang bis Ende durchzulesen. Hast du allerdings schon einen eigenen Pinterest Account und die ersten Pinnwände und Pins? Dann kannst du getrost ab Kapitel 4 loslegen, hier geht es richtig in die Tiefe und es warten viele Experten-Tipps auf dich.

2 Pinterest und Affiliate-Marketing - wie funktioniert das Ganze zusammen?

2.1 Pinterest Nutzerzahlen und Statistiken

Pinterest ist ein 2010 gegründetes soziales Netzwerk, welches es Nutzern ermöglicht, Interessen und Vorlieben durch das Posten und Weiterleiten von Bildern auf virtuellen Pinnwänden mit anderen zu teilen. Im März 2017 zählte Pinterest zu den wertvollsten digitalen Start-Ups nach Bewertungen von Venture-Kapital-Firmen. Die Zahl der monatlich aktiven Nutzer von Pinterest weltweit beläuft sich auf 200 Millionen (Stand: September 2017). Laut einer Statista-Umfrage lag der Anteil der Pinterest-Nutzer in Deutschland unter den 18- bis 29-Jährigen bei 25 Prozent. 80% nutzen Pinterest mobil, das heißt mit Smartphone oder Tablet.

Pinterest ist aber viel mehr als eine Social-Media-Plattform, es ist eine visuelle Suchmaschine, auf der die Menschen Diy-Projekte, Rezepte, Inspirationen und Erfolgsgeschichten suchen, sammeln und teilen können. Früher als DIY-Muddi-Forum verschrien, widmet sich die Plattform jetzt auch zunehmend Fachthemen und erlangt bei Bloggern, Webseiten und Agenturen immer mehr an Bedeutung.

Jeder Nutzer hat auf Pinterest ein Profil und viele Boards, auf denen er mitteilen kann, in welchen Bereichen seine Interessen und Vorlieben liegen. Jedes Board wird einem Thema zugeordnet und hat einen eigenen Namen. Als Nutzer kann man entweder selbst Bilder auf die Boards hochladen oder man pinnt die Inhalte von anderen Nutzern. Um nichts zu verpassen ist es möglich anderen Nutzern oder Boards zu folgen. Vereinfacht wird das Folgen durch einen Follow Button, der auf der eigenen Webseite eingebunden werden kann.

Auf dem Startbildschirm sieht man die neuesten Pins der Nutzer, denen man folgt und bleibt so immer auf dem Laufenden.

Die Bilder bei Pinterest stammen meist von Blogs, Webseiten oder Shops und wurden dort mit dem Pin It Booklet für den Browser oder mit dem Pin It Button der jeweiligen Webseite auf die eigene Pinnwand gepinnt. Bei jedem Bild auf Pinterest versteckt sich der Link zur Originalseite, außer das Foto wurde von einem Computer oder Handy direkt auf Pinterest, ohne Quellenangabe hochgeladen.

Bilder lassen sich pinnen und re-pinnen und man hat die Möglichkeit ein Bild zu Liken oder zu Kommentieren. Bei letzterer Aktion erscheint der Kommentar direkt unter dem Bild und ist für jeden sichtbar. Eine direkte Konversation via Nachrichten oder Chat ist bei Pinterest bis dato noch nicht möglich. Viele Nutzer haben aber ihre Kontaktdaten im Profil hinterlegt.

Ich bin ehrlich, ich könnte wirklich Stunden auf Pinterest verbringen. Angefangen bei DIYs, die ich alle irgendwann mal nachmachen möchte, hin zu perfekt durchgestylten Häusern, Tipps und Tricks zu Alltagsproblemen und tolle Rezepte für jeden Tag. Schwups… sind zwei Stunden rum und meine Pinnwände voll ;)

Also warum die wertvolle Zeit, die man sowieso auf Pinterest verbringt, nicht sinnvoll nutzen und damit Affiliate-Umsätze zu generieren? Es ist leichter als man denkt.

2.2 Die Vorteile von Pinterest

Auf Pinterest ist eine überdurchschnittlich einkaufsfreudige Zielgruppe mit sehr hohem Engagement aktiv. Neben einer hohen Mitgliederzahl sind besonders hohe Interaktionsraten für eine weitreichende Verbreitung bzw. Viralität von Inhalten entscheidend. Pinnen ist viel einfacher als Twittern oder Posts schreiben, denn hier steht das Bild im Vordergrund. Man muss nicht unbedingt einen kreativen Text erstellen; es geht spontaner zu, ist privater. Sammeln und Teilen von Informationen sind zutiefst menschliche Verhaltensweisen.

Im Vergleich zu anderen sozialen Plattformen ist Pinterest selbsterklärend, man muss sich nicht mit umfangreichen, datenschutzrechtlichen Bestimmungen und Einstellungen beschäftigen. Der Aufbau ist intuitiv, übersichtlich und strukturiert.

Pinterest ist ein bildlastiges Netzwerk. Neueste Studien zeigen, dass die Aufmerksamkeitsspanne von Nutzern immer weiter zurückgeht, die wenigsten haben mittlerweile Zeit und Lust lange Texte zu lesen, bis sie irgendwann die für sie nützlichen Informationen herausgefiltert haben. Die Entwicklung geht weg von langen Texten - hin zum schnellen und kurzen Interagieren. Bilder können vom Menschen schneller und besser aufgenommen werden als ein Text. Kurzum lautet die Zauberformel bei Pinterest: Man kann allen zeigen, was einem gerade gefällt - das schnell, unkompliziert und am liebsten ohne viele Worte.

Viele Nutzer schätzen bei Pinterest das anonyme Gewand. Ein bisschen nervig ist, dass man sich zuerst einloggen muss, um Pinterest-Inhalte zu sehen. Seitens Pinterest ist dies jedoch ein cleveres Marketingtool, um neue Nutzer für die Plattform zu gewinnen, und davon profitieren ja letztendlich alle. Die Profildaten sind sehr spartanisch gehalten und auf den ersten Blick sind nur der Nutzername, eine eventuelle Profilbeschreibung, die aktuellen Re-Pins, die Follower, die Following und die angelegten Pinnwände zu sehen. Wer möchte, kann sein Twitter-Profil, Facebook-Profil oder seine(n) Webseite/Blog mit seinem Pinterest Profil verlinken. Das ist aber nicht Pflicht.

Am meisten mag ich bei Pinterest, dass die Inhalte deutlich langlebiger sind als bei anderen sozialen Netzwerken. Bei Facebook oder Instagram liegt die Halbwertszeit bei einem Post bei maximal 24 Stunden, danach verschwindet er quasi in den unendlichen Weiten der Bedeutungslosigkeit. Die Halbwertszeit eines Pins beträgt im Durchschnitt ca. drei Monate, meist länger. Alte Pins können immer wieder hochgespült werden, wenn ein Pin so richtig viral geht, hat man Jahre lang etwas davon.

2.3 Was ist Affiliate-Marketing?

Affiliate-Marketing basiert auf dem Prinzip der Vermittlungsprovision und beschreibt die Kooperation zweier Teilnehmer im Web. Diese Teilnehmer werden Affiliate und Merchant genannt. Ein Affiliate ist dabei der Vermittler, der als Schnittstelle zwischen den Händlern (Merchants) und potentiellen Kunden fungiert.

Der Affiliate stellt auf seiner Website Werbeflächen zur Verfügung, auf denen für Produkte der Merchants bzw. Händler geworben wird. Das passiert in der Regel in Form eines Links, dem sogenannten Affiliate-Link. Mit entsprechenden Parametern innerhalb eines solchen Affiliate-Links kann der Affiliate (Publisher) eindeutig vom Merchant identifiziert werden und erhält daraufhin je nach resultierender Handlung eine Provision gutgeschrieben.

Affiliate-Marketing wird aber auch mittels Banner, E-Mail-Marketing (Newsletter) oder über soziale Netzwerke betrieben. Dies stellt somit eine risikoarme Vermarktungsmöglichkeit für Unternehmen dar, die ihre Produkte oder Dienstleistungen durch Verlinkung auf einer Vielzahl von Partner-Webseiten bewerben können und somit auch die Möglichkeit haben, ihre Produkte auf möglichst themenrelevanten Websites anzubieten. Im Gegenzug erlaubt dieses Modell den Website-Betreibern sich eine zusätzliche Einnahmequelle zu erschließen.

Affiliate-Marketing gilt schon lange als eine sehr gute Möglichkeit, um bei einem Blog passives Einkommen zu generieren. Das Neue daran ist, dass man dazu überhaupt keinen Blog benötigt.

2.4 Warum Affiliate-Marketing mit Pinterest relativ neu ist

Erst seit dem Sommer 2016 erlaubt Pinterest wieder das Verwenden von Affiliate-Links. Vorher wurden Affiliate-Links im Handumdrehen von der Plattform entfernt. Die Hintergründe sind nicht ganz klar, aber vermutlich lag es an der großen Anzahl an Spam, der über das Netzwerkt verbreitet wurde. Nun wurde der Spam-Filter verbessert und somit ist das Posten von Affiliate-Links wieder erlaubt. Das bedeutet, seit diesem Zeitpunkt ist es möglich, mit deinen Empfehlungen und Lieblingsprodukten Geld über Affiliate-Links via Pinterest zu verdienen, ohne dass du dafür extra einen Blog betreiben musst.

Du kannst jetzt direkt einen Pin mit einem Produkt oder einer Website verknüpfen, für die du als Affiliate angemeldet bist. Dadurch wird der Schritt eines Blogs überflüssig. Vorher konnte man nur seine Blogartikel via Pinterest bewerben und darauf hoffen, dass jemand den Blog liest, auf einen Affiliate-Link klickt und das Produkt dann kauft. Durch das direkte Verlinken von Produkten und Dienstleitungen erhältst du direkt die Provision und umgehst diesen Zwischenschritt. Wahrscheinlich hast auch du schon mal einen Pin bei Pinterest gesehen und gar nicht gemerkt, dass es ein Affiliate-Link ist.

2.5 Warum Bloggen nicht für Jeden das Richtige ist

Ich schwöre, ich habe es wirklich mit dem Bloggen probiert, habe aber den Aufwand und alles was dazu gehört, deutlich unterschätzt:

Erstens: Ein professionelles Design muss her und alle rechtlichen Angaben für einen Blog müssen erfüllt sein. Zum Glück gibt es hunderte von YouTube Videos zu diesem Thema. Ich habe einen Großteil davon angeschaut und versucht 1zu1 umzusetzen. Nach zwei Wochen stand dann ein Grobkonzept von einem Blog. Ich hatte ein Impressum, eine Datenschutzerklärung und so etwas wie ein Menü.

Zweitens: Der erste Blogbeitrag. Die Themen sollten Diy, Interior und Freizeit sein. Ich schreibe sehr gerne. Daher dachte ich, dass mir das Schreiben eigentlich viel Spaß bringen und leicht von der Hand gehen sollte. Leider weit gefehlt. In den nächsten Wochen merkte ich, wie schwer es mir abends nach einem Vollzeitjob, Hausarbeit und Kinderbetreuung fiel, noch einen Blogartikel zu schreiben. Und das Schreiben ist ja längst nicht das Einzige, was für einen Blog notwendig ist, damit aus einem reinen Hobby eine kleine Einnahmequelle wird. Dein Blog kann noch so gut sein, ohne Werbung läuft es einfach nicht.

Ich möchte das Bloggen hier überhaupt nicht schlecht reden. Eine eigene Webseite (sei es ein Blog, eine Nischenseite, eine Vergleichsseite, etc.) ist (wenn sie gut gemacht ist und viel Traffic hat), nachweislich die beste Variante um passives Einkommen zu erzielen. Viele Menschen leben davon und viele starten mit einem Blog bevor sie etwas Anderes ausprobieren.

Jedoch musste ich mir eingestehen: Bloggen ist einfach nichts für mich. So etwas merkt man immer erst, wenn man es selbst ausprobiert hat, denn die Aufgaben eines Bloggers sind umfangreich:

- Alle Social Media Accounts verwalten
- Antworten auf Blog-Kommentare
- Recherche und Erstellung von neuen Inhalten für Posts
- Schreiben, Schreiben, Schreiben
- Reichweite generieren
- SEO
- Hervorragende Bilder
- Usw.

Mit Pinterest Affiliate-Marketing sind deine "Aufgaben" nur auf ein paar Dinge reduziert:

- Erstellen von Pins, um die Affiliate-Produkte zu bewerben
- Reichweite generieren
- Pinnen von "normalen" (Nicht-Affiliate-) Inhalten

Es gibt natürlich verschiedene Erfolgsstrategien, auf die ich im Verlauf des Buches eingehen werde, aber das sind die essentiellen Aufgaben, die erledigt werden müssen. Klingt leicht, oder? Auch wenn du dir mal einen Monat Auszeit nehmen möchtest, ist das kein Problem, mach es einfach! Es wird keine Leser geben, die sich fragen, warum du weg bist oder dich nicht mehr meldest. Sobald du deine Pins erstellst hast, verdienst du damit Geld. Die Leute teilen sie und leiten sie weiter, ohne dass du aktiv werden musst.

Dies ist der Grund, warum ich Pinterest Affiliate-Marketing als die beste Möglichkeit für die meisten Menschen empfehle. Bloggen ist ein großartiger Job, aber leider nicht für jeden optimal. Wenn du Pinterest liebst und du es magst, Dinge zu teilen, dann kannst du erfolgreicher Pinterest-Affiliate-Vermarkter werden oder kurzum „Pinfluencer“.

Ich habe das Projekt „Bloggen“ auch noch nicht ganz auf Eis gelegt, denn eine Kombination aus dem eigenen Blog und Pinterest ist natürlich das i-Tüpfelchen, da man die eigenen Besucher von einer Plattform auf die nächste lenken kann und damit der Traffic auf beiden Profilen steigt. Aber im Moment komme ich einfach nicht dazu, und Pinterest macht mir viel mehr Spaß.

3 Die ersten Schritte auf Pinterest

Wenn du noch nie mit Pinterest zu tun gehabt hast, dann lege ich dir die folgenden Seiten intensiv durchzulesen. Bist du schon länger bei Pinterest unterwegs, dann kannst du diese Seiten überfliegen.

3.1 Dein Pinterest Profil

Dein Profil auf Pinterest ist dein äußeres Erscheinungsbild und hier solltest du etwas Zeit und Kreativität reinstecken. Es ist dein offizieller Auftritt auf Pinterest und der muss professionell, vertrauenswürdig und sympathisch wirken. Es gibt bei Pinterest zwei verschiedene Arten von Profilen: Die privaten Profile (bei denen bist du automatisch angemeldet) und die Unternehmensprofile. Ich empfehle unbedingt das Anlegen eines Unternehmensprofils, denn es hat zwei entscheidende Vorteile: RichPins und ausführliche Statistiken (auf beides gehe ich im weiteren Verlauf des Buches ein).

3.2 Die wichtigsten Profilinformationen

Nachfolgend kannst du dein Pinterest Profil mit Leben füllen und die wichtigsten Informationen über dich hinterlegen:

Firmenname

Falls du einen Blog hast, pflegst du hier am besten den Namen deines Blogs ein. Alternativ ist auch die Angabe deines richtigen Namens oder eines Alias Namen denkbar. Die Verwendung von aussagekräftigen Keywords ist möglich und die sollten mit Bindestrichen getrennt werden. Das ist aber kein Muss.

Profilbild

Am persönlichsten ist ein Foto von dir. Natürlich geht auch ein Logo oder ein anderes Foto. Wichtig ist (wie bei allen Bildern), dass du die Rechte daran hast. Das Bild sollte sympathisch wirken und zu deinem Pinterest Profil (= deinen favorisierten Themen) passen.

Benutzername

Für die Wiedererkennung nutzt du am besten den gleichen Namen wie in all deinen Social Media Profilen. Der Benutzername wird in der URL angezeigt.

Kurzinfo

Wie es die Vorgabe schon sagt, gehört hierhin eine kurze Beschreibung. Welche Themen interessieren dich? Was erwartet den Besucher? Wer bist du?

Impressum

Du bist gesetzlich dazu verpflichtet ein Impressum anzugeben. Relativ einfach ist es, wenn du bereits einen bestehenden Blog hast, dann kannst du direkt darauf verlinken. Alternativ kannst du auch alle Angaben direkt bei Pinterest eingeben. Wenn du dich noch nie mit den Anforderungen an ein vollständiges Impressum beschäftigt hast, dann sind hier die Standardinformationen, die in ein Impressum gehören:

1. Name und Anschrift des Diensteanbieters
2. Straße, Hausnummer, Postleitzahl und Ort
(= eine ladungsfähige Anschrift, ein Postfach genügt nicht)
3. Angabe der Rechtsform (falls vorhanden)
4. Angaben zur schnellen Kontaktaufnahme
(E-Mail Adresse und Telefonnummer)

Achtung: Dies stellt keine Rechtsberatung dar. Bei Unsicherheiten findest du viele Ratgeber zu dem Thema im Netz oder in der einschlägigen Fachliteratur.

Webseite

Hier kannst du die URL deines Blogs angeben, falls vorhanden.

Das war´s, der Anfang ist gemacht! Nun kannst du damit starten, deine ersten Pinnwände und Boards zu erstellen.

3.3 Finde deine Nische

Das Wort „Nische" ist immer so ein großes Wort. In zahlreichen Affiliate-Ratgebern ist davon die Rede und es wird gesagt, man sollte hier wochenlang recherchieren, bis man die richtige Nische gefunden hat, bei der a) die Nachfrage enorm groß ist und b) es wenig oder noch gar keine Konkurrenz gibt. Meiner Meinung nach ist das ein reiner Glücksgriff und für die meisten bloße Utopie. Die Erfahrung zeigt, sobald man etwas gefunden hat, mit dem man gutes Geld verdienen kann und die Konkurrenz gering ist, sind die Trittbrettfahrer nicht weit und die Suche nach der perfekten Nische beginnt von vorn.

Ich möchte dir die Angst davor etwas nehmen. Sicherlich ist klar, dass dein Pinterest Profil kein Gemischtwarenhandel sein darf. Die Themen sollten zueinander passen, aktuell sein und deine Interessen und Vorlieben wiederspiegeln. Es macht keinen Sinn über Nischenthemen zu recherchieren, die dich überhaupt nicht interessieren und an denen du keinen Spaß hast.

Viel wichtiger sind ein einheitliches Erscheinungsbild und verwandte Themen zu finden. Ein Besucher, der sich eine deiner Pinnwände anschaut, sollte auch Lust bekommen sich auf den anderen Pinnwänden umzusehen.

Das Wichtigste ist hier einfach: Let´s do it! Fang einfach an, grüble nicht zu lange darüber nach, wo die Reise hingehen soll. Du kannst nichts falsch machen.

4 Pins, Pinnwände und Co. – die Währung bei Pinterest

Um die Plattform richtig zu verstehen, muss Pinterest in seine wichtigsten Elemente aufgeteilt werden. Die wichtigsten Bausteine von Pinterest sind:

Pins

Ein Pin ist ein Link aus dem World Wide Web, den du an deine eigenen oder fremde Pinnwände heftest. Der Pin wird visuell durch ein Vorschaubild dargestellt und sorgt dafür, dass du ihn thematisch sortieren und speichern kannst. Der Quelllink bleibt dabei immer erhalten und kann erneut aufgerufen werden. Das Bild kann dann von anderen Nutzern re-pinnt werden.

Re-Pins

Findest du innerhalb von Pinterest ein Bild das dir gefällt, kannst du es auf einem (oder mehreren) deiner eigenen Boards teilen. Dieser Vorgang nennt sich „re-pinnen". Der Quelllink bleibt dabei natürlich erhalten. Neben jedem Pin steht eine Zahl, das ist die Angabe der Shares, die der Pin erreicht hat, also wie oft der Pin geteilt wurde. Je mehr Re-Pins ein Pin hat, desto besser.

Boards (Pinnwände)

Die Pinterest Pinnwände sorgen für Ordnung in deinem Account und thematische Abgrenzungen. Du kannst so viele Boards anlegen wie du möchtest und sie per Drag and Drop hin- und herschieben. Jeder Pinnwand kannst du eine Überschrift geben und deine Pins darin sammeln.

Secret Boards (geheime Pinnwände)

Deine geheimen Pinnwände funktionieren wie normale Pinnwände, sind aber für andere Nutzer nicht sichtbar. Das heißt, du kannst darauf Dinge pinnen, die andere nicht sehen sollen.

Shared Boards (geteilte Boards)

Das sind Pinnwände, bei denen du mit mindestens einer anderen Person zusammen pinnst. Du kannst sowohl selbst ein Board eröffnen und andere User dazu einladen, es mit dir gemeinsam zu nutzen. Oder ihr nehmt eine Einladung eines anderen Pinners an und postet dort. In beiden Fällen taucht das Shared Board ebenfalls auf deiner digitalen Pinnwand auf.

Likes

Jedes Bild kann wie bei Facebook oder Instagram geliked werden. Die Likes findest du in einer separaten Likeliste auf deinem Profil.

Follower

Die Anzahl deiner Follower wird ebenfalls öffentlich angezeigt. Zwar ist es auch bei Pinterest das Ziel, Nutzer zu finden, die einem folgen, jedoch ist dies nicht ganz so vordergründig wie bei anderen sozialen Netzwerken (siehe Kapitel 7.3).

Following

Das sind die Nutzer, denen du folgst. Das Folgen von anderen Leuten ist enorm wichtig, da man einerseits spannende Inspirationsquellen findet und andererseits werden dadurch auch andere Nutzer auf dich aufmerksam. Man kann einem User komplett folgen (inklusive aller seiner Boards) oder man folgt nur einzelnen Pinnwänden, deinem Themengebiet entsprechend.

Pinterest Button

Der Pinterest Button ist ein Add on, welches du in deinem Browser installieren kannst. So können kinderleicht Bilder von Websites gepinnt werden, was dir einiges an Arbeit erspart.

4.1 So legst du deine erste Pinnwand an

Im vorherigen Kapitel habe ich dir gezeigt, wie man ein Profil bei Pinterest anlegt, jetzt musst du es nur noch mit Leben füllen. Eine Pinnwand zu erstellen ist wirklich super einfach. Einfach auf den Button „Pinnwand erstellen“ klicken, der Pinnwand einen Namen geben und schon hast du deine erste Pinnwand online. Ich rate dazu am Anfang mindestens sieben verschiedene Pinnwände zu erstellen, besser mehr.

Bei den Themen kannst du dich breit aufstellen und auch mal etwas Exotisches probieren. Wichtig ist hierbei, dass innerhalb der Pinnwand eine gewisse Konsistenz herrscht. (Themen, Farben, Stimmung).

Bei deinen Pinnwänden solltest du niemals die Beschreibung vergessen. Auf der Übersichtsseite der Pinnwände kannst du dazu auf „Bearbeiten“ klicken und in dem aufpoppenden Feld deine Pinnwand kurz beschreiben, ein Titelbild und eine Kategorie vergeben. Versetze dich bei deiner Beschreibung in Gedanken immer in die Leute, die deine Pinnwand finden möchten und versuche diese Begriffe zu verwenden (Keywords, Keywords, Keywords!).

Wenn du private Inhalte und Themen auf einer Pinnwand sammeln möchtest, die aber nicht zu deinem Auftritt passen oder du nicht möchtest, dass es jemand sieht, ist das natürlich auch möglich. Du musst hier nur die Pinnwand auf privat stellen, dann kannst nur du sie sehen.

4.2 Fülle deine Pinnwände mit Leben

Eine nackte Pinnwand macht noch immer keinen Frühling (oder so ähnlich), daher musst du jetzt mit dem Pinnen loslegen.

Um deine Pinnwände zu füllen, hast du drei Möglichkeiten:

1. Lade selbst Fotos oder Grafiken hoch und pinne sie auf deine Pinnwände

Du kannst über dein Profil „Pin erstellen" deine eigenen Grafiken und Fotos hochladen und diese mit einer Beschreibung und einem Link versehen. Dies ist natürlich die einzige Möglichkeit um direkt Einnahmen durch Affiliate-Links zu generieren, dazu aber später mehr.

2. Pinne Bilder, die du im Internet findest und die gut zu deinem Profil passen

Pinterest wurde letztlich dazu geschaffen, inspirierende Inhalte und Bilder für später zu speichern und um sich so eine kleine virtuelle Sammlung zu schaffen, auf die man jederzeit zurückgreifen kann. Sehr empfehlenswert ist es den ‚Pin it' Button im Browser zu installieren. Er ermöglicht es dir die Seite mit nur einem Klick auf deiner Pinterest Pinnwand zu speichern. Die Links verwandeln sich somit zu Pins. Pinterest zieht sich eine Grafik oder ein Foto der Webseite und Verbindet den ursprünglichen Quelllink mit dem Pin.

3. Pinne die schönsten Bilder weiter, die du auf Pinterest findest

Für dich passende Pins findest du ganz einfach über die Suchfunktion auf Pinterest. Wenn du nach einem bestimmten Begriff suchst, werden dir verschiedene Pins, Pinnwände und Pinner angeboten. Du kannst zwischen den verschiedenen Ergebnissen hin und her zu wechseln, um die volle Auswahl zu sehen. Mit einem Klick auf „Merken" kannst du den Pin ganz einfach auf deiner gewünschten Pinnwand oder mehreren Pinnwänden hinzufügen.

Tipp: Folge Pinterest Usern mit ähnlichen Interessen, dann werden dir deren neueste Pins automatisch in deinem Feed angezeigt. Folge am besten auch Pinnern, die dir selbst folgen, denn die Chancen sind groß, dass ihr ähnliche Interessen habt und dass du die Pins deiner Follower ebenfalls interessant findest. Also habe immer ein Auge darauf, wer dir folgt.

Herzlichen Glückwunsch! Wenn du bis hierhin gekommen bist, hast du die ersten Schritte erfolgreich gemeistert. Probiere dich aus, teste die verschiedenen Möglichkeiten! Am Anfang muss auch nicht alles perfekt sein. Pins und Pinnwände lassen sich im Nachhinein notfalls auch problemlos löschen. Hauptsache, du fängst an und bekommst ein Gefühl für die Plattform. Schaue dir erfolgreiche Pinner und Accounts an, hole dir Anregungen und setze es um.

Ab jetzt geht es ans Eingemachte: Denn früher oder später möchtest du mit deinem Pinterest Account ja schließlich Geld verdienen. Somit kommt als nächstes die Auswahl des richtigen Affiliate-Programms.

5 Das richtige Affiliate-Programm

5.1 Anmeldung bei Affiliate-Netzwerken

Um über Affiliate-Links Geld zu verdienen, ist es unumgänglich sich bei Affiliate-Netzwerken anzumelden. Du kannst entweder dem jeweiligen Unternehmen eine E-Mail senden, wo du dein Interesse an der Bewerbung ihrer Produkte bekundest, oder du registrierst dich bei einem der unzähligen Affiliate-Netzwerke. Das ist am Anfang der einfachste Weg.

Prinzipiell gibt es zwei verschiedene Abrechnungsmöglichkeiten, die in der Praxis sehr weit verbreitet sind:

Pay per Sale (PPS)

Du erhältst bei der Pay per Sale (auch Pay per Order Vergütung genannt), immer dann eine Provision, wenn eine erfolgreiche Vermittlung eines Kunden bzw. der Kauf eines Produktes oder Dienstleistung über den Affiliate-Link erreicht wird. Die Provision kann dabei ein feste vorab vereinbarte Summe oder eine prozentuale Vergütung sein - Mischformen aus Fixum und prozentualer Beteiligung sind ebenfalls möglich.

Meist ist es so, dass auch für einen vermittelten Kunden eine Provision bezahlt wird, der erst nachträglich den Kauf bei dem Unternehmen tätigt. Sichergestellt wird dies durch ein Cookie, der je nach Partnerprogramm 1-60 Tage nach dem Klick auf den Produktlink seine Gültigkeit bewahrt.

Pay per Click (PPC)

Ein leider mittlerweile aussterbendes Modell der Entlohnung ist die Bezahlung nach Klick auf den jeweils eingebundenen Affiliate-Link. Zu Beginn des Affiliate-Marketings war diese Art der Provisionsberechnung aufgrund seiner einfachen technischen Machbarkeit sehr stark verbreitet. Mittlerweile wird jedoch aufgrund der Manipulationsmöglichkeiten von Seiten der Affiliates und des geringen Return of Invest für die Advertiser diese Art der Vergütung kaum mehr genutzt. Dazu sind die bezahlten Klickpreise meist sehr niedrig.

Je nach Produkt oder Dienstleistung gibt es auch noch weitere Sonderformen, die allerdings nicht unbedingt für den Einsteiger geeignet sind.

5.2 Partnerprogramme, die sich für Pinterest eignen

Es kommt bei der Wahl des richtigen Partnerprogramms natürlich immer darauf an, welche Produkte du promoten möchtest. Ich werde hier nachfolgend auf die Partnerprogramme eingehen, mit denen ich persönlich gute Erfahrungen und auch Erfolge verbuchen konnte. Diese Liste ist nicht abschließend – es kommen ständig neue Anbieter hinzu und andere verschwinden in der Versenkung. Hier sind meine Top 6:

5.2.1 Das Amazon Partnerprogramm

Das Amazon-Partnerprogramm ist das wahrscheinlich größte und beliebteste Partnerprogramm überhaupt und wird von hunderttausenden Bloggern und anderen Websitebetreibern genutzt um Geld zu verdienen, und es ist auch für Pinterest hervorragend geeignet.

Vorteile des Amazon-Partnerprogramms:

- Amazon ist der E-Commerce Riese schlechthin und dürfte mittlerweile fast jedem Internetnutzer ein Begriff sein. Die meisten haben im Laufe Ihres Lebens schon einmal dort bestellt und verfügen über einen Amazon Account
- Amazon bietet einen guten Kundenservice und schnellen Versand
- Amazon genießt ein sehr hohes Vertrauen bei seinen Kunden
- Amazon ist sehr interaktiv. Kaum ein anderes Shopping-Portal weist so viele Kundenrezessionen auf, die Kaufinteressenten können sich ganz in Ruhe über das Produkt informieren
- Egal, welches Thema oder welche Nische du belegst, du findest mit Sicherheit passende Produkte dazu
- Bei Amazon bekommt man stets die Provision für den gesamten Warenkorb und nicht nur für das von dir empfohlene Produkt. Daher promote ich auch viele preiswerte Produkte, denn die Wahrscheinlichkeit ist sehr groß, dass jemand noch etwas in den Warenkorb legt

- Die Anmeldung zum Partnerprogramm ist einfach und intuitiv
- Übersichtlich und gut strukturiert
- Zuverlässiger Zahlungseingang
- Umfangreiche Statistiken
- Man wird sehr leicht akzeptiert, muss beispielsweise keinen Datenverkehr, Follower oder andere Kennzahlen nachweisen

Nachteile des Amazon Partnerprogramms

- Als größten Nachteil empfinde ich die extrem kurze Cookie-Laufzeit von nur 24 Stunden. Das heißt, wenn jemand auf deinen Affiliate-Link klickt, muss er innerhalb eines Tages etwas kaufen, damit du eine Provision bekommst. Tut er das später, gehst du komplett leer aus. Die meisten Kaufentscheidungen reifen aber erst ein paar Tage, bis es zum Kauf kommt
- Für manche Produktkategorien gibt es nur sehr wenig Provision (z. B. Handys, Smartphones oder Fernseher). Da das aber auch nicht unbedingt die Kategorien sind, die bei Pinterest funktionieren, finde ich das nicht so schlimm
- Die Provision ist immer die gleiche, egal wie viele Verkäufe du schon in einem Monat, Jahr oder in der gesamten Laufzeit generiert hast. Bei vielen anderen Affiliate-Programmen wirst du für mehr Verkäufe auch durch eine höhere Provision belohnt
- Amazon ist ein Großkonzern und du bist nur einer von sehr vielen. Wenn es zu Problemen kommen sollte (z.B. Sperrung deines Accounts), ist der Support schlecht erreichbar. Man erfährt hier keine Sonderbehandlung, egal welche Umsätze man generiert

Wie melde ich mich an?

Gehe auf die Startseite des Amazon PartnerNet und klicke auf den Button „Jetzt kostenlos anmelden“ unter dem Anmeldeformular auf der rechten Seite.

Logge dich mit deinem Amazon-Account ein: (Wenn du noch keinen Amazon-Account hast, wähle die Option „Ich bin ein neuer Kunde“ aus.)

Wenn du noch kein Kunde bist, musst du jetzt erst einmal deine persönlichen Daten eingeben. Bist du schon Kunde, kannst du diesen Schritt überspringen. Allerdings halte ich persönlich es für das Beste immer den privaten und den kommerziellen Account voneinander zu trennen.

Nun musst du dein „Website-Profil" eingeben, das heißt den Namen deiner Haupt-Website (hieraus generiert sich deine eindeutige Partner-ID) sowie die URLs und Inhalte deiner Website.

Jetzt wirst du kurz innehalten und ins Stocken geraten, denn einen Blog hast du ja nicht. Genau hier liegt leider die Krux bei Amazon: Für die Anmeldung benötigst du zuerst einen Blog, den du betreibst und wo du als Betreiber auch im Impressum stehst. Zum Glück ist ein Blog sehr schnell, einfach und kostenlos aufgesetzt. Via Wordpress habe ich innerhalb von zwei Stunden einen kleinen Blog mit wenigen Blogposts erstellt und damit die Zugangsvoraussetzung zum Amazon Partnerprogramm geschaffen und wurde aufgenommen.

Anschließend erhältst du eine Bestätigung über die Anmeldung per E-Mail (dort solltest du nicht vergessen, über den Button am Ende deine Zahlungsmethode festzulegen).

Deine Anmeldung wird nun innerhalb der nächsten drei bis fünf Werktage bearbeitet. Du hast aber ab sofort vollen Zugriff auf das PartnerNet.

Wichtig: Unter „Mein Konto" → „Liste deiner Webseiten und Apps" musst du anschließend unbedingt deinen Pinterest Account hinterlegen.

Kleine Randnotiz: Es gab in der Vergangenheit widersprüchliche Aussagen des Amazon Supports, ob es erlaubt ist Amazon Affiliate bei Pinterest anzugeben und damit Umsätze zu generieren. Ich hatte es mir vor der Anmeldung noch einmal bestätigen lassen und auch nie Probleme gehabt. Amazon veröffentlicht in seinem eigenen Blog auch Beiträge über Pinterest, daher denke ich, dass es mittlerweile kein Problem mehr sein dürfte.

Wie erstelle ich einen Affiliate-Link bei Amazon

1. Logge dich zunächst in dein Amazon Partner Account ein und öffne danach die Amazon Webseite.

2. Auf der Amazon Webseite suchst du dir das Produkt aus, welches du bewerben möchtest.

3. Ganz oben auf der Produktseite rechts erkennst du den Pin it Button für Pinterest, sobald du darauf klickst, öffnet sich ein kleines Fenster und du kannst auswählen, auf welcher deiner Pinnwände das Produkt erscheinen soll.

4. Der erste Schritt ist schon geschafft, du hast das Produkt erfolgreich auf deiner Leinwand gepinnt.

5. Nun geht es an das Feintuning: Klicke auf „Jetzt ansehen“ oder öffne deinen Pinterest Account und suche das von dir hinzugefügte Produkt.

6. Es öffnet sich beim Klicken auf den kleinen Stift folgendes Fenster:

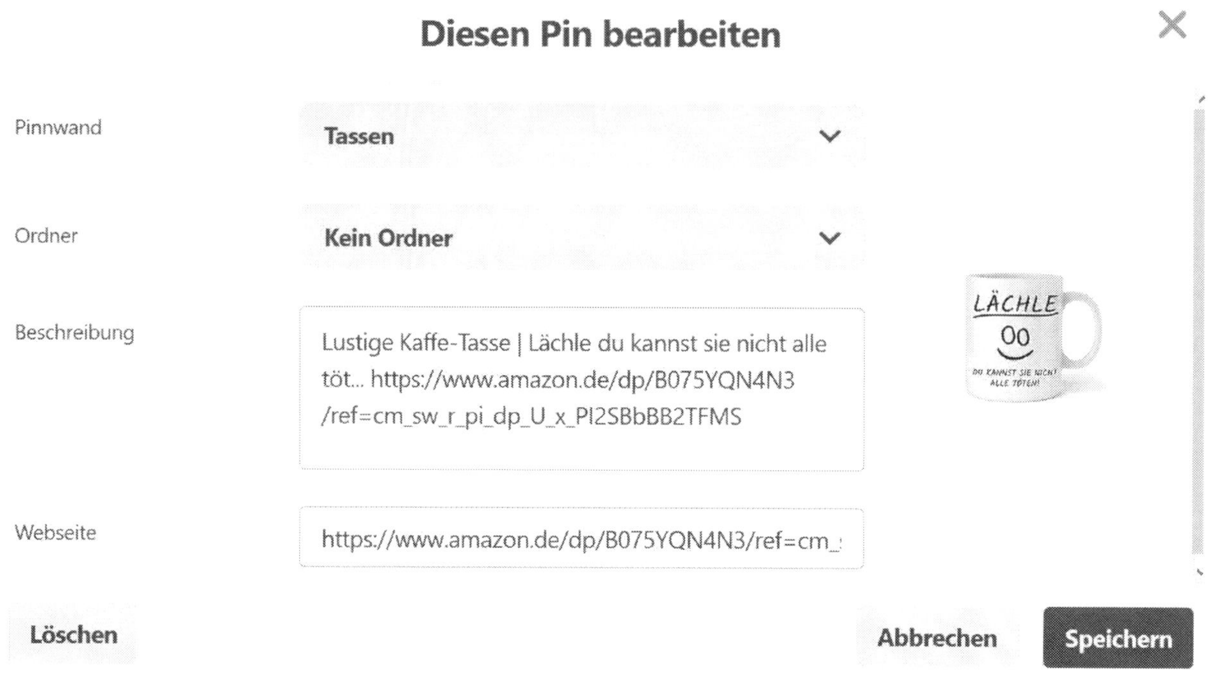

Quelle: Amazon.com

Die vier Bereiche kannst du nun befüllen:

Pinnwand:

Wenn du möchtest, kannst du hier die bereits ausgewählte Pinnwand noch mal ändern.

Ordner:

Manchmal macht es Sinn innerhalb einer Pinnwand verschiedene Ordner zu erstellen, um die Themen voneinander abzugrenzen. Ich persönlich nutze das nie.

Beschreibung:

Meistens kannst du die vordefinierte Beschreibung direkt löschen. Nutze liebe deine eigenen Wörter und suche aussagekräftige Keywords aus (mehr dazu in Kapitel 6.4).

Webseite:

Den bereits vorhandenen Link löschst du direkt und ergänzt deinen persönlichen Affiliate-Link, damit bei einem erfolgten Kauf dir auch deine Provision zugeordnet werden kann.

7. Den Affiliate-Link generierst du folgendermaßen:

Auf der Produktseite von Amazon findest du oben den Amazon PartnerNet SiteStripe (vorausgesetzt du bist eingeloggt). Hier klickst du auf Link erstellen – Text:

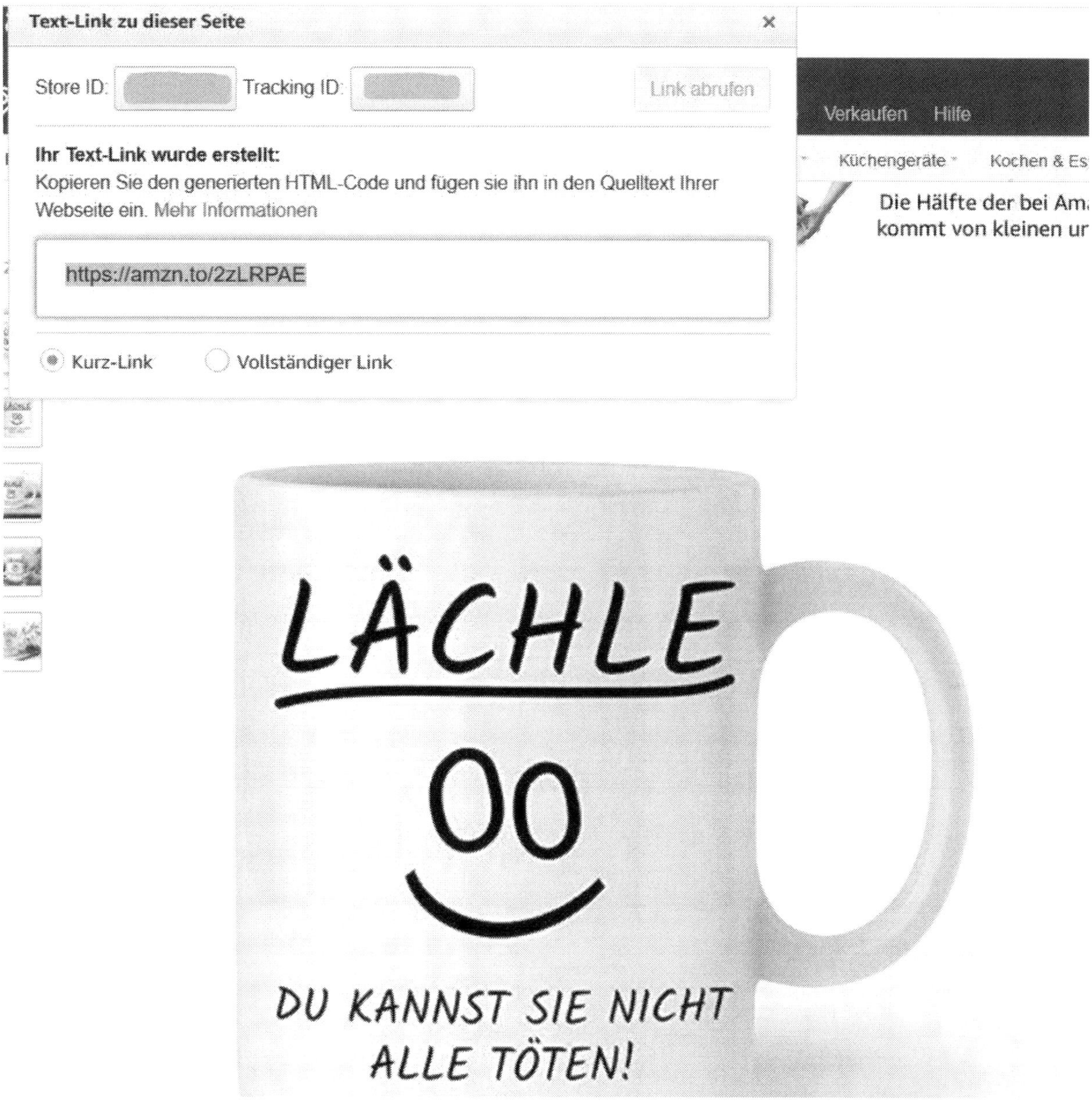

Quelle: Amazon.com

8. Den von Amazon erzeugten Affiliate-Link kannst du sofort kopieren und in deinen Pinterest Pin einfügen.

Das war´s auch schon, du siehst, es ist wirklich kinderleicht. Am Beispiel Amazon habe ich die Vorgehensweise ganz ausführlich erklärt. Im Prinzip funktioniert es bei jedem Affiliate-Programm genauso: Grafik pinnen und danach den von dir erzeugten Affiliate-Link bei Pinterest einfügen.

Wenn du deine Amazon-Links verkürzt anzeigen oder verstecken möchtest, solltest du dafür ausschließlich den Amazon URL-Shortener benutzen (Die Links sehen dann folgendermaßen aus: http://amzn.to/2pw77Uv) Eine Nutzung externer Dienste, wie z.B. bit.ly, oder deiner eigenen Domain zum Verschönern oder Verstecken von Amazon-Partnerlinks ist gegen die Teilnahmebedingungen und kann zu einem Rauswurf aus dem PartnerNet führen.

Statistiken

Mit Hilfe der Statistiken im Amazon Partnernet erhältst du einen guten Überblick über die Entwicklung deiner Einnahmen und kannst Optimierungen vornehmen. Zu den verschiedenen Berichten gelangt man entweder über die kleinen blauen Tabs im Menü oder über den Übersichtskasten auf der rechten Seite.

Zu den wichtigsten Berichten zählen der Tracking-ID-Kurzbericht und die Werbekostenerstattung. Der Tracking-ID-Kurzbericht gibt dir einen guten Gesamtüberblick über deine Einnahmen und mit dem Werbekostenerstattungs-Bericht bekommst du eine detaillierte Übersicht über alle Produkte, die über deine Affiliate-Links bei Amazon gekauft wurden.

Tipp: Der Bericht „Werbekostenerstattung“ kann mit der Zeit ziemlich unübersichtlich werden. Am besten wählst du einen etwas längeren Zeitraum aus, um ein möglichst umfassendes Bild davon zu bekommen, welche Produkte über deine Links gekauft werden. Du kannst übrigens den Bericht auch als XLS-Datei herunterzuladen (auf den Button „Bericht herunterladen (TSV)“ klicken) und anschließend in Excel mit der Filterfunktion übersichtlicher zu gestalten.

5.2.2 Das eBay Partnernetwork

Das Partnerprogramm von eBay, das sogenannte eBay Partner Network stellt eine gute Alternative zum Amazon-Partnerprogramm dar, da eBay einer der wenigen Marktplätze im Internet ist, die eine so große Produktauswahl wie Amazon bietet. Das Provisionsmodell ist dort allerdings etwas anders. Die Provisionshöhe richtet sich nicht nach dem Verkaufspreis, sondern nach den Gebühren, die eBay für einen gekauften Artikel bekommt. Je nach Artikelkategorie bekommt man 50-70% der Verkaufsgebühren.

Vorteile von eBay Partnernetwork

- Bei eBay gibt es ein gigantisches Produktangebot in allen denkbaren Kategorien
- Auch Produkte von ausländischen Shops können über einen deutschen Account beworben werden
- Ähnlich wie Amazon ist eBay sehr bekannt und hat ein gutes Standing, viele haben sowieso schon einen Account
- Ebay hat eine Cookie Laufzeit von 14 Tagen
- Du bekommst bei eBay bereits nach einem Monat dein Geld ausgezahlt
- Deine Provision kann sich mit der Zeit steigern (je nachdem wie viele Verkäufe du tätigst)
- Es gibt 50 % - 70 % pro Sale
- Du erhältst einen extra Bonus für neue oder erneut aktivierte Käufer

Nachteile von eBay Partnernetwork

- Man ist nur am Umsatz von der Verkaufsprovision beteiligt, was heißt, das lohnt sich nur bei hochpreisigen Artikeln
- Viele Nutzer beschweren sich über enorme Schwankungen bei Impressionen, Klicks und generierten Erträgen
- Teilweise Intransparente Provisionsvergabe

Wie melde ich mich an?

Die Anmeldung zum eBay Partnerprogramm (kurz EPN) ist genau wie bei Amazon sehr leicht und selbsterklärend.

Zuerst loggst du dich mit deinem eBay-Account ein (Wenn du noch keinen eBay-Account hast, musst du dich erstmal ganz normal als Mitglied bei eBay anmelden)

Auch bei eBay musst du wieder dein Webseitenprofil eingeben, das heißt den Namen deiner Website sowie die URLs und Inhalte deiner Website.

Also benötigst du hier erstmal einen Blog, den du betreibst und wo du als Betreiber auch im Impressum stehst. Leider kommt man auch beim eBay Partnerprogramm nicht Drumherum einen kleinen „Alias-Blog" zu erstellen.

Kurze Zeit später erhältst du eine Bestätigung über die Anmeldung per E-Mail und kannst sofort loslegen.

Wie erstelle ich einen Affiliate-Link bei eBay

Im Hauptmenü klickst du auf den Reiter „Tools" und dort auf Linkgenerator. Hier kannst du passende Textlinks erstellen. Das anzuwendende Partnerprogramm ist „eBay DE" und als Linktyp wähle ich immer „Artikelnummer" aus. Die eBay Artikelnummer eines Produkts findest du übrigens in der Angebotsbeschreibung, diese einfach rauskopieren und einfügen. Ein weiteres Pflichtfeld ist die Auswahl Kampagnenbezeichnung oder Kampagnen-ID. Das dient der Übersichtlichkeit deiner Artikel, du kannst hier schnell eine neue Kampagne anlegen und oben über den Reiter „Kampagnen" deine Kampagnen verwalten. Das ist am Anfang aber nicht so wichtig, erst wenn es unübersichtlich wird, kannst du dich diesem Thema widmen.

Über den Button „Link generieren" öffnet sich ein sehr langer Link, diesen kannst du entweder direkt in deinen Pinterest Pin kopieren oder du nutzt einen Link-Shortener. Leider muss man hier diesen Umweg gehen, bei Amazon lassen sich die Links einfacher kürzen. Entsprechend der EPN Netzwerk-Vereinbarung sind momentan folgende Kurz-URL-Dienste (Stand Juni 2017) zugelassen:

Bit.ly

Goo.gl

Ow.ly

Buff.ly

Beim Kürzen mit Bitly profitierst du von hoher Marken-Wiedererkennung: Die Links der meisten eBay-Seiten werden hier als Kurzlinks ausgegeben, die mit "ebay.to" beginnen, daher nutze ich diesen Kurz-URL-Dienst am liebsten.

5.2.3 AliExpress Partnerprogramm

AliExpress ist ein Online Marktplatz, entwickelt durch Alibaba.com. Der chinesische Online-Riese hat sich mittlerweile zu einem der größten und wichtigsten e-commerce Player weltweit entwickelt. Auf AliExpress bestellen Käufer aus über 200 Ländern und Regionen Artikel zu unschlagbar niedrigen Preisen. Mit über eine Million Produkten von über 130.000 Verkäufern im Sortiment, lässt sich wirklich jede Zielgruppe bedienen.

Vorteile des AliExpress Partnerprogramms

- Riesige Warenvielfalt und Auswahl
- Viele seltene Produkte, die es in Deutschland gar nicht gibt
- Internationale Ausrichtung, bei AliExpress kaufen Personen weltweit ein
- 30-Tage-Cookie-Laufzeit
- Relativ hohe Provisionen von bis zu 50%

Nachteile des AliExpress Partnerprogramms

- Teilweise ist die Produktqualität nicht so gut, das kann aber nur im Einzelfall bestätigen. Ich habe einige Teile selbst bestellt und ein Großteil davon war vollkommen in Ordnung und besser als ihr Ruf. Auch chinesische Anbieter müssen umdenken um langfristig erfolgreich zu sein.
- Eines muss einem klar sein: indem man einen großen chinesischen Anbieter unterstützt, unterstützt man unter Umständen auch menschenunfreundliche Produktionsbedingungen und Umweltverschmutzung. Auf der anderen Seite kommen fast alle Konsumartikel aus Fernost, auch die von bekannten und hoch angesehenen Marken, das sollte man sich auch vor Augen halten.
- Die meisten Preise sind sehr niedrig, hochpreisige Artikel nach Deutschland zu versenden, macht auch aufgrund der hohen Zollgebühren keinen Sinn. Daher fallen auch die Provisionen geringer aus. Auf die Menge kommt es hier an.
- Die Lieferzeiten können mitunter sehr lang sein.

- Die Zustimmung bei deutschen Konsumenten gegenüber Aliexpress ist im Moment noch nicht so groß – meine Erfahrung zeigt, dass die Kunden die gleichen Produkte trotzdem lieber auf Amazon kaufen, obwohl Anbieter und Lieferzeit teilweise identisch sind.

Wie melde ich mich an?

Wenn du noch nicht bei AliExpress angemeldet bist, musst du zunächst einen normalen Standard Account anlegen. Das geht recht schnell und du kannst dich daraufhin direkt im AliExpress Portal anmelden. Hier hinterlegst du die URL von deinem Pinterest-Profil und musst dir eine Affiliate-ID für deine Seiten überlegen. Ich habe hier einfach den Namen von meinem Pinterest Account genommen. Optional kannst du etwas zu deinem Pinterest Profil schreiben, das ist aber nicht Pflicht. Danach musst du noch ein paar weitere kurze Fragen zu deinem Profil beantworten und schon bist du angemeldet.

Es dauert nun etwas, bis deine Seite geprüft wird. Komischerweise erhält man keine Bestätigungsemail, wenn das Profil freigegeben wurde. Am besten du schaust einfach nach ein bis zwei Werktagen selbst vorbei.

Wie erstelle ich einen Affiliate-Link bei AliExpress?

Nachdem du dich eingeloggt hast, gehst du auf den Reiter „Ad Center“ und dann zu „Deep Link URLs“. Unter www.aliexpress.com suchst du dir nun das Produkt aus, das du promoten möchtest, kopierst die URL und fügst sie unter „Page's URL“ ein. Sofort erscheint dein persönlicher Affiliate-Link. Die nächsten Schritte erfolgen analog zu den anderen Partnerprogrammen: Auf der Artikelseite das Bild pinnen und den Pin anschließend bearbeiten, indem du die Beschreibung änderst und deinen Affiliate-Link einfügst – fertig!

5.2.4 Clickbank

Clickbank ist das größte Affiliate-Netzwerk, wenn es um die Vermarktung von digitalen Produkten geht. Bei Pinterest werden eine Vielzahl von digitalen Produkten (eBooks, Kurse, Webinare, etc.) vorgestellt und promotet. Je nach Themenbereich kann das auch für dich Sinn machen.

Ein Verkäufer erstellt ein Digitales Produkt (eBooks, Videos, Software, Coachings, Audios, usw.) und stellt es anschließend bei Clickbank ein. Clickbank überprüft das Produkt sowie die Verkaufsseite und gibt es zum

Verkauf frei und es erscheint in Clickbanks Marketplace. Als Affiliate kannst du nun dieses Produkt für den Verkäufer vertreiben und erhältst dafür eine Provision.

Vorteile von Clickbank

- Sehr hohe Provision (50 – 75 %)
- Die wirklich größte Auswahl an digitalen Produkten
- Keine Zulassungsbeschränkungen und Anmeldevoraussetzungen

Nachteile von Clickbank

- Es gibt noch nicht so viele deutschsprachige digitale Produkte bei Clickbank (die Deutschen hängen hier noch etwas den Amerikanern hinterher)
- Mindestlimit an Einnahmen (liegt momentan bei $100 – dieses Limit lässt sich zwar nach unten korrigieren, jedoch fallen dann für die Auszahlung Gebühren an)
- Zahlung im Moment nur mit Check möglich
- Die Seite ist in Englisch, der englischen Sprache sollte man mächtig sein

Wie melde ich mich an?

Die Anmeldung ist kostenlos und man kann sein Konto jederzeit wieder kündigen. Es ist unerheblich, ob du dich über den Vendorenzugang (für die, die selbst Produkte über Clickbank verkaufen möchten) oder über den Affiliate-Zugang anmeldest. Solange du kein Produkt einstellst oder Angaben unter „eigene Webseite“ einfügst, bleibst du als Clickbank-Affiliate eingestuft. Klicke einfach auf anmelden und fülle das Formular aus. Du benötigst hier keine Webseite wie es bei anderen Affiliate-Netzwerken der Fall ist. Wenn alles geklappt hat, erhältst du einen Bestätigungslink per E-Mail. Hast du die Registrierung hinter dich gebracht, kannst du sofort loslegen und Geld mit ClickBank verdienen.

Tipp: Wenn du dir einmal einen Clickbank Namen ausgesucht hast, kannst du ihn nicht mehr ändern, überlege daher gut, welchen du auswählst, da er auch für die Vendoren (= Verkäufer) sichtbar ist.

Wie erstelle ich einen Affiliate-Link bei Clickbank?

Die Produktsuche gestaltet sich bei Clickbank etwas schwierig, da der Marktplatz von englischen Produkten dominiert wird. Um die deutschen Produkte zu sehen, musst du erst die „Erweiterte Suche“ nutzen, dann runterscrollen und bei “Deutsch” ein Häkchen setzen. Sofern du kein Keyword eingetippt hast, erscheinen alle deutschen ClickBank Angebote. Hast du dein Wunschprodukt gefunden, findest du alle nötigen Informationen unter Details: Den Titel, eine kurze Beschreibung sowie deinen Verdienst pro Verkauf. Um das Produkt zu promoten, einfach auf den roten “Promote” oder “Bewerben” Button klicken und ein PopUp öffnet sich. Darin enthalten ist dein ClickBank Nickname und darunter hast du die Möglichkeit eine Kennnummer fürs SubID Tracking zu definieren. Danach erstellst du deinen Trackinglink, mit dem du das Produkt bewerben kannst und den du auch bei Pinterest eingibst.

Das Schöne an Clickbank: Einmal angemeldet, kann man jedes Produkt ohne weitere Überprüfung des Händlers vermarkten, einfach nur, indem man an den Anfang des Links seine Affiliate-ID setzt.

5.2.5 Awin

Awin ist weltweit eines der größten Affiliate-Marketing-Netzwerke mit über 6.000 Partnerprogrammen, international sowie national. Mehr als 100.000 Publisher haben sich Awin mittlerweile angeschlossen. Die Awin-Plattform ist in zehn Sprachen verfügbar, die Währungen der teilnehmenden Länder werden entsprechend unterstützt. Zu den Advertisern zählen viele große und bekannte Marken, die teilweise fast komplett bei Awin zu finden sind.

Vorteile von Awin:

- Provisionen werden bereits ab 25 Euro ausgezahlt
- Sehr detaillierte Reports
- Große Auswahl an Partnerprogrammen, darunter viele große und bekannte Advertiser

Nachteile von Awin:

- Extrem auf Webseitenbetreiber ausgerichtet, viele Partnerprogramme akzeptieren keine Nutzung auf Pinterest
- Komplizierte und gewöhnungsbedürftige Benutzeroberfläche
- Die Bestätigung der Provisionen dauert manchmal ziemlich lange

- Man muss sich für jeden einzelnen Publisher bewerben, teilweise sehr lange Wartezeiten

Wie melde ich mich an?

Bei Awin musst du dich zunächst mit deinen persönlichen Daten registrieren. Erst nach erfolgreicher Anmeldung erhältst du den Zugriff auf alle Partnerprogramme sowie ihre Konditionen und kannst dich für die passenden Programme bewerben.

Die Registrierung selbst geht ziemlich schnell. Du gibst deine persönlichen Daten (Name und Vorname, Adresse, Kontaktdaten, E-Mail) sowie dein gewünschtes Passwort ein. Du bestätigst die AGB sowie die Datenschutzerklärung.

In einem weiteren Schritt werden dein gewünschter Benutzername sowie deine Bankverbindung für die Auszahlungen abgefragt. Auch musst du gleich bei der Registrierung Angaben zur deiner Website machen. Du liest richtig, auch hier brauchst du zwingend eine eigene Webseite, um dich überhaupt anmelden zu können. Später bei der Bewerbung bei den einzelnen Publishern gehst du natürlich nur auf deinen Pinterest Account ein.

Wie erstelle ich einen Affiliate-Link?

Wenn du bei Awin angemeldet bist, hast du zwar Zugriff auf alle Partnerprogramme, musst dich allerdings noch bei jedem einzelnen Partner für eine Zusammenarbeit bewerben.

Awin bietet eine sehr große Auswahl an Partnerprogrammen aus dem In- und Ausland. Um die Suche zu erleichtern, kannst du nach Land, verschiedenen Kategorien (Finanzen und Versicherungen, Reisen, Retail & Shopping, usw.), Eigenschaften oder Provisionen suchen.

Bei der Suche nach geeigneten Programmen solltest du natürlich in erster Linie schauen, dass das Programm bzw. die Produkte des Advertisers zu deinem Pinterest Account passen. Auch die Provisionen, ebenso wie die übrigen Konditionen, müssen natürlich stimmen. Zudem solltest du darauf achten, dass der Partner (und in erster Linie natürlich seine Produkte) gut bei deiner Zielgruppe ankommen und eine hohe Conversionrate haben.

Wenn du einen passenden Partner gefunden hast, musst du dich beim Partner direkt bewerben. Das geht relativ schnell und mit wenigen Klicks. Der

Advertiser entscheidet dann selbst, ob er mit dir zusammenarbeiten möchte oder nicht. Es kann natürlich auch vorkommen, dass deine Teilnahme an diesem Partnerprogramm abgelehnt wird. Leider dauert es bei einigen Partnern mehrere Wochen bis man eine Rückmeldung bekommt.

5.2.6 ShopStyle

ShopStyle Collective ist ein dynamisches Pay-per-Click-Partnerprogramm, bei dem du für jeden Klick bezahlt wirst. Solche Programme sind mittlerweile recht selten. Bei den zuvor vorgestellten Programmen wird immer nur der direkte Verkauf vergütet, egal wie viele Besucher du auf die Webseiten lockst. ShopStyle Collective verfolgt alle Klicks und Verkäufe, die über deinen Link generiert wurden und ein etwas komplizierter Algorithmus ermittelt jeden Monat basierend auf deiner Umsatzkonvertierung eine eindeutige Pay-per-Click-Rate. Je mehr Verkäufe du fährst, desto mehr steigt deine persönliche Pay-per-Click-Rate. Aber auch wenn du keine Verkäufe generierst, wirst du immer bezahlt, sobald ein Besucher auf die Seite klickt.

<u>Vorteile von ShopStyle</u>

- Bezahlt wird per Klick, das ist der Riesenvorteil, denn nur ein geringer Prozentsatz der Besucher kauft auch wirklich die beworbenen Produkte
- Benutzerfreundliche, intuitive und sehr moderne Plattform
- Für den Einstieg sehr gut geeignet
- Leichte Registrierung
- Eignet sich ausgezeichnet für Interior und Mode Themen

<u>Nachteile von ShopStyle</u>

- Es sind im Moment (noch) keine deutschen Onlineshops dabei
- Du verdienst keine Provision, indem jemand einen direkten Kauf tätigt, der Beitrag, den du pro Klick erhältst steigt jedoch, wenn diese Klicks zu Käufern werden
- Die Auszahlung erfolgt leider erst ab 100$, gerade am Anfang dauert es etwas bis man diese Hürde erreicht hat

<u>Wie melde ich mich an:</u>

Die Anmeldung ist super leicht und es sind nur wenige Pflichtfelder auszufüllen. Du musst auch hier keine Webseite angeben. Alles ist super einfach und intuitiv aufgebaut, das gefällt mir an der Seite besonders gut.

Wie erstelle ich einen Affiliate-Link:

Einmal angemeldet kannst du bei ShopStyle nach Produkten, Kategorien oder Marken suchen. Nun heißt es stöbern und schauen, welche Produkte in deinen Pinterest Feed gut passen würden. Wenn du ein Produkt gefunden hast, klickst du einfach auf „See Details“.

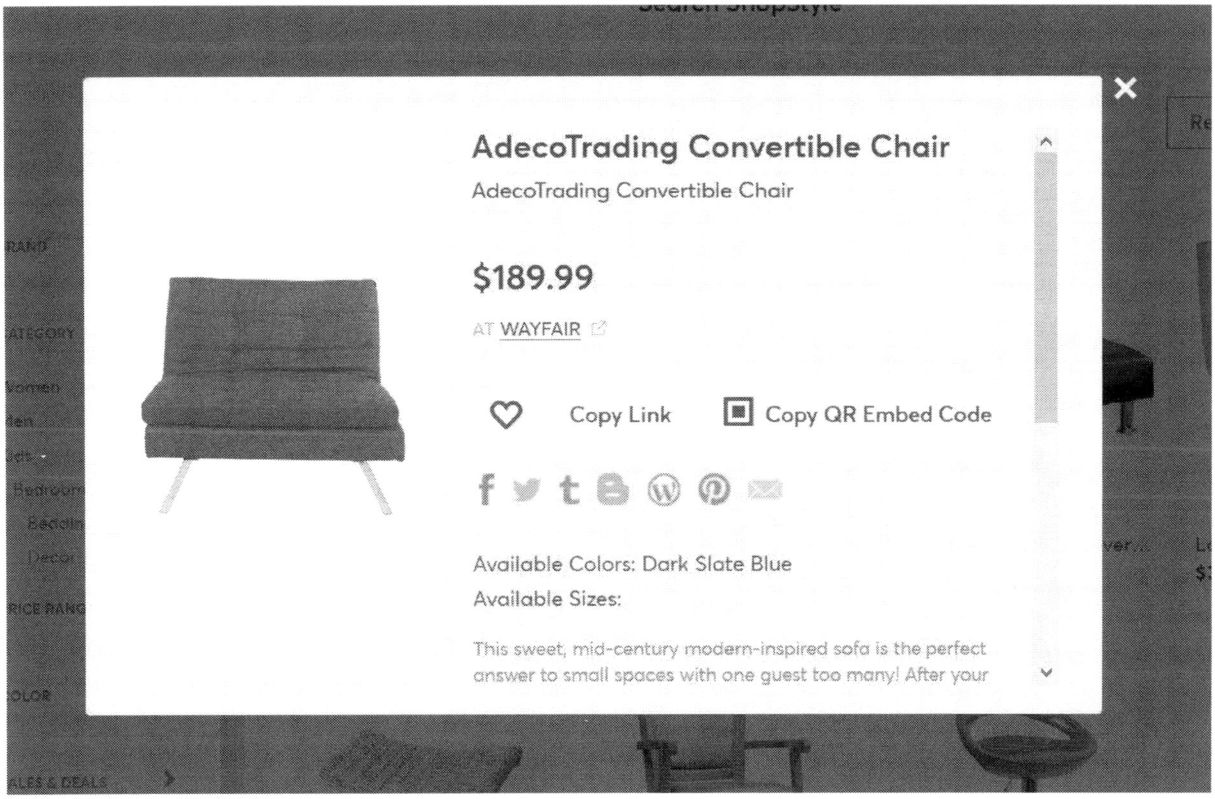

Quelle: Shopstyle.com

Mit einem einzigen Klick auf den roten Pinterest Button öffnet sich bereits Pinterest und du kannst dir den Pin in der passenden Pinnwand speichern. Der Rest geschieht vollkommen automatisch, nur die Beschreibung musst du noch anpassen.

5.3 Welche Affiliate-Programme eignen sich noch für Pinterest?

Wie bereits zu Beginn dieses Kapitels beschrieben gibt es in Deutschland zahlreiche Affiliate-Programme, Tendenz steigend. Leider akzeptiert nicht jedes Partnerprogramm die Bewerbung der Produkte via Pinterest und ist somit für unseren Zweck – den Aufbau eines attraktiven monatlichen Affiliate-

Einkommens OHNE Blog – nicht sinnvoll. Es lohnt daher auch mal über den großen Teich zu schauen und nach internationalen Programmen Ausschau zu halten. Die Amerikaner sind uns im Bereich Affiliate-Marketing über Social Media um einiges voraus und ich bin mir sicher, dass davon vieles im Laufe der Zeit auch nach Deutschland überschwappen wird, so war es bisher mit allen erfolgreichen Konzepten.

Stell bitte immer bei der Bewerbung für Affiliate-Programme sicher, dass du den Link zu deinem Pinterest-Profil oder einer bestimmten Pinnwand angibst, welches sich am meisten auf die Produkte bezieht, die du bewerben möchten. Informiere dich vorher genau und frage im Zweifel am besten persönlich nach, ob Pinterest erlaubt ist, um nicht Gefahr zu laufen, gesperrt zu werden.

5.4 Mit welchen Partnerprogrammen habe ich die besten Erfahrungen gemacht?

Mein Umsatzbringer Nummer 1 ist Amazon. Die Konversation Rate ist hier einfach am höchsten, da das Vertrauen der Kunden sehr hoch ist und sowieso ständig bei Amazon irgendetwas gekauft wird. Meistens landen auch mehrere Produkte im Warenkorb für die man auch provisioniert wird.

Allerdings experimentiere ich sehr viel und wühle mich stundenlang durch die Statistiken der einzelnen Partnerprogramme, um meine Pins bestmöglich zu optimieren. Man sollte niemals alles auf ein Pferd setzen, sondern sich mehrere Standbeine aufbauen. Amazon ist ein guter Anfang, aber ich rate davon ab, dass komplette Business darauf aufzubauen. Mittlerweile können sich die Umsätze bei anderen Affiliate-Programmen auch sehen lassen, es dauert einfach etwas länger.

Kleiner Tipp: Es ist nicht nötig gleich alle Partnerprogramme auszuprobieren. Gerade wenn das alles komplett neu für dich ist, tste dich erstmal vorsichtig ran. Am Anfang reicht ein einziges Partnerprogramm, bei dem du Erfahrungen sammeln kannst. Welche Produkte funktionieren gut, was klappt gar nicht? Erst wenn du dich richtig fit fühlst, kannst du die anderen Programme testen. Nach ein paar Monaten hast du den Dreh raus und weißt, was funktioniert. Ich kann hier auch nur eine Übersicht über die Programme geben und die Vor- und Nachteile aus meiner Sicht widergeben. Mit welchem Programm du am besten zurechtkommst und was den meisten Umsatz einbringt, entscheidest letztlich du und deine Themen.

5.5 Wenn ich nicht das richtige Partnerprogramm finde

Wenn du noch kein Affiliate-Programm gefunden hast, das dir gefällt und mit dem du dich gut fühlst, kannst du dich auch direkt an deine Lieblingsmarke wenden. Geh dafür am besten auf die Webseite und suche den Ansprechpartner für Marketing und/oder PR heraus. Wenn du nicht fündig wirst, versuche es über die Kontaktfunktion der Social-Media-Kanäle. Diese Mails empfangen bei größeren Unternehmen in der Regel die Social-Media-Beauftragten und so bist du gleich beim richtigen Ansprechpartner gelandet. Bei dieser E-Mail solltest du dir etwas Mühe geben und ausführlich schreiben, wer du bist und warum du die Marke und Produkte so sehr liebst. Am besten schickst du einen Link zu deinem Pinterest Profil und erstellst einen Screenshot von deinen Analytics. Frage freundlich nach einer Art Partnervereinbarung, bevor du dich nach der Höhe der Provision erkundigst, das kommt erst im zweiten Schritt. Sind die Anzahl der Re-Pins und Klicks zufriedenstellend, wirst du bestimmt eine positive Antwort erhalten und hast dadurch auch eine Art Alleinstellungsmerkmal, da wenige andere für diese Produkte Werbung machen.

6 So generierst du Reichweite auf Pinterest

Wie in jedem sozialen Netzwerk gilt auch auf Pinterest: Reichweite kommt nicht von allein, du musst schon etwas dafür tun. Das A und O ist dabei natürlich dein Inhalt und die Bilder, die du auf Pinterest teilst. Doch auch drum herum gibt es einige Tipps und Tricks, mit der du deine Reichweite steigern kannst, um noch mehr Personen auf Pinterest zu erreichen.

6.1 Erstelle Pinterest geeignete Grafiken

Da bei Pinterest fast alles visuell verläuft, sind ansprechende Bilder das A und O. Die empfohlenen Abmessungen sind 736 x 1104 Pixel. Das ist das typische Pinterest Format. Das volle Format wird ohnehin nur ausgespielt, wenn direkt auf den Pin geklickt wird. Ob der dann ein bisschen mehr in die Breite oder Höhe geht, dürfte niemanden kümmern. Hochformte funktionieren definitiv besser als Querformate oder Quadrate.

Man muss auch kein Grafiker oder Photoshop Experte sein, es gibt zahlreiche kostenfreie Programme, die sehr moderne Vorlagen haben. Ich selbst benutze am liebsten canva (canva.com). Eine genaue Anleitung findest du in Kapitel 9.4. Andere ähnliche kostenfreie Grafik-Programme sind Picmonkey oder Pixlr.

Die Interaktionsrate steigt, wenn du zusätzlich auf den Grafiken Text verwendest. Dadurch versteht der User die Abbildungen besser. Auch Collagen funktionieren sehr gut, mische dazu Text und mehrere Grafiken.

Tipp: Nimm dir am Anfang die Zeit und recherchiere, welche Pins auf Pinterest gut funktionieren, und verwende diese als Inspiration für deine eigenen Bilder und Grafiken. Am besten lernt man hier von anderen Usern, was Aufteilung/Text/Grafiken und Ansprache betrifft.

6.2 Wie viele Pins und wie viele Leinwände sind empfehlenswert

Bei Pinterest gibt es kein Zuviel. Die Anzahl der Pins in einer Pinnwand liegt bei 100-250 Pins. Werden es mehr, bietet es sich an, ein weiteres Board thematisch daraus abzuleiten. Umgekehrt gilt aber auch, angefangene Boards, die nicht mehr weiterwachsen und nur wenige Pins beinhalten, zusammenzulegen.

Was du in jedem Fall vermeiden solltest, sind nahezu leere Boards. Die machen keinen kompetenten Eindruck. Eher wirken sie, als seien dir die Ideen oder gar die Lust ausgegangen. Verschiebe die Pins lieber in eine andere Pinnwand oder stelle die leere Pinnwand so lange auf unsichtbar bis sie sich mit Inhalten gefüllt hat.

6.3 Pins sortieren und verschieben

Pins lassen sich leider nicht per Drag & Drop innerhalb eines Boards verschieben oder sortieren. Das ist wirklich ein Manko bei Pinterest. Es gibt hier aber einen kleinen Trick: Du kannst einen beliebigen Pin wieder nach ganz vorn setzen. Wie das geht? Indem du ihn für einen Moment in eine andere Pinnwand schiebst. Von dort aus holst du ihn sofort wieder zurück. Und siehe da: Er steht wieder ganz vorn.

6.4 SEO Strategien und die richtigen Keywords

Den alten Online-Hasen wird dieser Begriff zum Hals heraushängen, aber man kann es nicht oft genug sagen: Wer im Internet Geld verdienen möchte, der muss gefunden werden. Auch bei Pinterest führt kein Weg an SEO (= Suchmaschinenoptimierung) vorbei.

Nur durch Suchmaschinenoptimierung werden deine Beiträge bei Pinterest und auch bei Google nach oben geschoben und somit gefunden. Eine Möglichkeit das SEO zu verbessern, besteht darin, deine Pin- und Board-Beschreibungen mit Schlüsselwörtern auszufüllen.

Um nach Stichwörtern zu suchen, gib einfach ein Thema in das Suchfeld ein und schau dir die ersten drei bis fünf Vorschläge von Pinterest an. Die häufigsten Vorschläge sind die am häufigsten gesuchten Begriffe für das jeweilige Thema.

Führe am besten eine Liste (online oder offline) mit diesen Schlüsselwörtern, damit du nicht jedes Mal von vorne anfangen musst und beginne damit diese Begriffe organisch in deine Pins und Boards einzubauen.

Tipp: Du musst darauf achten, dass deine Datenschutzeinstellung so eingestellt ist, dass dein Pinterest-Profil von Google durchsucht werden kann.

6.5 Gruppen Boards auf Pinterest

Am Anfang ist es das oberste Ziel deinen Pinterest Account erstmal bekannt zu machen, Follower zu generieren und deine Pins unter die Leute zu bringen, und das geschieht am besten über Gruppenboards. Ich erkläre dir im folgenden Abschnitt, wie du die richtigen Gruppenboards findest und wie du eigene erstellen kannst.

Was ist ein Gruppen Board?

Gruppen Boards funktionieren im Prinzip wie normale Pinterest Boards. Mit der Ausnahme, dass neben dem Inhaber des Boards auch weitere Pinterest Nutzer Inhalte hinzufügen können. Gruppen Boards erkennt man an dem kleinen Gruppen-Icon.

An einem Gruppen Board teilnehmen funktioniert nur durch eine private Einladung des Gastgebers. Den Gastgeber findest du ganz leicht, denn es ist immer die erste Person in der Mitgliederliste des Boards. Meistens steht auch in der Beschreibung ein Hinweis, wie man den Gastgeber am besten kontaktieren kann und diesem schreibst du am besten eine ganz nette E-Mail, in der du dich kurz vorstellst. Du solltest natürlich dem Gastgeber folgen, denn das erhöht deine Chancen, dass du die begehrte Einladung erhältst.

Die Vorteile von Gruppenboards

Der riesen Vorteil ist das Bilden einer Community. Wie auch im realen Leben gilt: Eine Hand wäscht die andere. Folge anderen Mitgliedern der Pinnwand und sie folgen dir bei ähnlichen Interessen bestimmt zurück, pinne ihre Inhalte und sie werden das Gleiche für dich tun. Gewinne unglaublich viel Inspiration und nutze sie für deine eigene Pinterest Seite. Deine Pins erhalten deutlich mehr Aufmerksamkeit, als wenn du sie nur bei dir postest. Seitdem ich Gruppenboards nutze, sind meine Follower Zahlen deutlich nach oben gegangen.

Die richtigen Pinterest Gruppen Boards finden

Es gibt verschiedene Möglichkeiten, wie du spannende Pinterest Gruppenboards finden kannst:

- Suche auf Pinterest nach Bloggern, die ähnliche Inhalte wie du posten. Große Blogger mit vielen Followern haben in der Regel eigene

Gruppenboards oder sind Mitglieder von interessanten Gruppen Boards

- Es gibt auf Facebook spezielle Blogger-Gruppen. Dort kannst du gezielt nach Gruppen Boards in deiner Nische fragen.

- Nutze Pingroupie: Das ist quasi eine Gruppen Board Suchmaschine, aber leider im Moment noch sehr englisch lastig. Daher ist es nicht ganz so leicht die deutschen Pinnwände herauszufiltern. Am besten, du versuchst es mit „german“ oder „deutsch“ und deinem Suchbegriff.

- Du kannst auch direkt nach Gruppenboards suchen, dafür gibst du in die Suche „Gruppenboard“ + dein Stichwort ein. Allerdings findest du hierüber nicht alle, denn die wenigsten nennen ihre Gruppenboards auch „Gruppenboards“.

<u>Die Do´s und Dont´s bei Gruppen Boards</u>

- Sei freundlich, fair und tolerant. Störenfriede werden besonders bei dem harmoniebedürftigen Pinterest nicht gerne gesehen

- Die Mischung macht´s: Bevor du einen eigenen Beitrag von dir pinnst, pinne erstmal mindestens drei Pins der anderen auf deinen Boards

- Pinne nur thematisch passende Inhalte

- Sei fleißig und kommentiere die Pins der anderen Nutzer und beteilige dich an Diskussionen

- Bevor du etwas pinnt, nimm dir kurz die Zeit und prüfe, ob der Pin bereits auf der Pinnwand vorhanden ist. Doppelte Inhalte werden gar nicht gerne gesehen

- Wenn du neu bei einem Gruppen Board bist, lade nicht alle deine Pins auf einmal hoch, sondern verteile sie lieber über mehrere Tage und Wochen

- Lies dir vorsorglich die Gruppenregeln durch, denn nicht jedes Gruppen Board erlaubt Affiliate-Links

Die Alternative: So erstellst du dein eigenes Gruppen Board

Eine gute Möglichkeit, um auf dich aufmerksam zu machen, ist das Erstellen von eigenen Gruppen Boards. Das geht ganz einfach und schnell:

1. Erstelle eine neue Pinnwand

2. Benenne das Board mit einem prägnanten Namen. Du kannst auch gerne „Gruppen Board“ davor schreiben, dann wirst du schneller gefunden

3. Schreibe in die Beschreibung der Pinnwand wer du bist und wie du am besten zu erreichen bist. Gib dafür am besten deine E-Mail-Adresse an und die Links zu deinen wichtigsten Social Media Accounts

4. Lade andere Pinner ein: Klicke dazu auf das Plus Icon neben deinem Bild im Header des Gruppenboards. Tippe nun den Usernamen oder die E-Mail Adresse deiner Wunsch-Pinner ein und sende eine kurze, freundliche Nachricht

5. Lade so viel wie möglich ein, es gibt hier kein „zu viel“

Manage deine Gruppenboards

1. Achte darauf, dass alle gepinnten Themen zu deiner Pinnwand passen

2. Lösche doppelte Pins

3. Überprüfe, ob die Links funktionieren

4. Pinne regelmäßig selbst, dadurch werden auch deine Pinner angeregt noch aktiver zu sein

6.6 Was sind Rich Pins und wie nutzt du sie für deinen Erfolg

Rich Pins sind Pins, die mit nützlichen Metadaten angereichert sind und dem Betrachter so einen deutlichen Mehrwert gegenüber herkömmlichen Pins liefern. Diese Metadaten werden von der verlinkten Seite ausgelesen und aktualisieren sich automatisch, wenn auf diesen Änderungen vorgenommen werden. Normale Pins enthalten nur eine Beschreibung im Kommentarfeld. Bei Rich Pins kannst du einen Titel und Produktdaten im Kommentarfeld angeben. Diese Möglichkeit ist vollkommen kostenlos, allerdings nur bei Unternehmensprofilen möglich.

Es gibt drei Arten von Rich Pins:

Artikel Rich Pins

Mit Artikel Rich Pins können sich Nutzer leichter Artikel merken, die für sie von Bedeutung sind. Jeder Artikel Rich Pin zeigt die Überschrift, den Autor und eine Beschreibung der Story an.

Produkt Rich Pins

Diese machen den Einkauf leichter. Sie zeigen Preise in Echtzeit, Verfügbarkeit des Artikels und die Webseite, über die das Produkt erworben werden kann.

Rezept Rich Pins

Wie der Name schon sagt, Rezept Rich Pins versorgen (Hobby-) Köche mit allerlei essentiellen Informationen wie Zutaten, Zubereitungszeit und Portionsgrößen.

Vorteile durch die Nutzung von Rich Pins

- Rich Pins befüllen sich quasi „von selbst“ mit wertvollen Inhalten und Keywords
- Automatische Aktualisierung von Preisen, Verfügbarkeit, etc.
- Rich Pins fallen mehr auf und sind durch die zusätzlichen Informationen für den Nutzer informativer und nützlicher
- Rich Pins werden in den Pinterest-Suchergebnissen deutlich besser platziert

6.7 Das perfekte Verhältnis von eigenen Pins und „fremden“ Pins

Immer nur die eigenen Pins unter die Leute zu streuen kann man zwar machen, bringt aber nichts. Wenn du richtig Traffic willst, musst du die Pins anderer Leute verbreiten und das nicht zu wenig. Vor allem zu viele Affiliate-Pins wirkt bei deinen Lesern schnell zu spammy. Halte dir immer vor Augen, dass die Nutzer sich inspirieren lassen wollen, eine Kaufabsicht erfolgt immer erst nachrangig. Nutze das Re-pinnen und lockere deine Pinnwand mit anderen Inhalten (passend zum Thema) auf. Am besten dafür geeignet sind Diy-Anleitungen und Inspirationen.

Eine Studie von Board Booster Labs fand 2015 in einer Studie heraus, dass Pinner mit mehr als 10.000 Followern im Schnitt 35% eigene Pins unter die Leute bringen. Grob gesagt diente jeder dritte Pin eigenen Zwecken. Ferner fand man heraus, dass die Gruppe der absoluten Toppinner mit 1 Million und mehr Followern im Verhältnis noch weniger eigene Pins einsetzen, die Quote sank hier bis auf 1:9.

Ich verfolge hier auch die ein Drittel Regel: auf einen Affiliate-Pin folgen bei mir mindestens zwei „fremde“ Pins.

7 Tipps und Tricks für den Erfolg auf Pinterest

Das eine und einzig wahre Erfolgsrezept gibt es natürlich auch bei Pinterest nicht. Du musst viel probieren und dich viel auf anderen Profilen umschauen, welche Themen und Pins funktionieren und welche nicht. Jedoch kann ich dir einige Tipps und Tricks an die Hand geben, die sich als sehr erfolgreich herausgestellt haben.

7.1 So startest du bei Pinterest richtig durch

Hier sind meine 16 Tipps, mit denen du dir nach und nach eine enorme Reichweite und ein attraktives Affiliate-Business aufbaust.

Pinne regelmäßig

Pinne möglichst jeden Tag, am besten mindestens fünf Pins. Das hört sich im ersten Moment erstmal nach richtig viel Arbeit an, aber es gibt nützliche Tools, die dich unterstützen können (z.B. Thailwind). Anhand von Pinterest Analytics erfährst du, zu welchen Tageszeiten deine Pins am besten funktionieren. Plane im Voraus, welche Pins du an welchem Tag und zu welcher Uhrzeit pinnen möchtest. Mit der Zeit wird das Pinnen zum Selbstläufer und geht dir ganz in Fleisch und Blut über, genauso wie das tägliche Zähneputzen.

Erstelle qualitativ hochwertige Pins

Hochwertige Bilder und aussagekräftige Beschreibungen sind das A und O. Helle und moderne Bilder erzeugen mehr Klicks als unscharfe und lieblose Pins.

Suche aktuelle Trends und saisonale Feste

Ostern, Weihnachten, Muttertag und Co. stehen vor der Tür: Perfekt! Kreiere eigene Pinnwände zu den Themen, denn diese werden sehr häufig geklickt. Die Leute benutzen Pinterest, um ihr Leben rechtzeitig vor der Saison, dem Urlaub oder einem Event zu planen. Nutze das zu deinem Vorteil und pinne Inhalte, die für kommende Trends, Jahreszeiten und Feiertage relevant sind, ungefähr 45 Tage vor dem eigentlichen Event. Füge täglich weitere Ideen hinzu und halte ein regelmäßiges Tempo bei. Deine Pinnwände lassen sich übrigens per Drag-and-Drop beliebig verschieben – steht ein Feiertag oder

Event an, schiebe ich die jeweilige Pinnwand ganz nach vorne. Sobald das jeweilige Event vorbei ist, wird es ganz ans Ende verschoben und darf erst im nächsten Jahr wieder auf die vorderen Plätze.

Achte auf ein einheitliches ästhetisches Erscheinungsbild

Dein Auftritt auf Pinterest sollte einem einheitlichen Design folgen, so dass Besuchern direkt klar ist, wessen Inhalt sie gerade betrachten und ein gewisser Wiedererkennungswert besteht. Bis dieser Status erreicht ist, dauert es zwar einige Zeit, doch kann es nur gelingen, wenn du dauerhaft auf eine gleichbleibende Gestaltung setzt. Hierzu zählt vor allem die Farbe bzw. gleiche Farbfamilien, die du konsequent auf deinem Pinterest Profil durchziehen solltest, aber auch Schriftarten und Motive.

Benutze deine eigenen Bilder

Benutzer suchen ästhetisch ansprechende Pins, um sie auf ihren Boards zu platzieren, wähl also die Bilder der Produkte, die du teilen möchtest, sorgfältig aus. Manchmal macht es mehr Sinn, dein eigenes Foto von den Produkten zu machen, anstatt Produktbilder von den Onlineshops zu nutzen.

Pinne zum richtigen Zeitpunkt

Pinne während deinen persönlichen Spitzenzeiten - im Allgemeinen wird dies am Abend und an den Wochenenden sein. Die besten Zeiten erfährst du übrigens über Pinterest Analytics (mehr dazu im Kapitel 9.1). Ich habe beispielsweise festgestellt, dass Freitag ein sehr schlechter Tag ist und wenige Reaktionen auf meine Pins erfolgen, Sonntag- und Montagabend laufen hingegen am besten.

Konsequente, tägliche Aktivität ist besser als einmal in der Woche. Die ersten fünf Pins, die du jeden Tag speicherst, werden für die Verteilung priorisiert. Speicher sie daher zuerst auf der relevantesten Pinnwand. Es ist in Ordnung, einen Pin auf mehreren Boards zu speichern, aber immer zuerst auf den Relevantesten mit den meisten Followern speichern, denn dieser Pin erhält die Verteilungspriorität.

Sei geduldig und warte nicht auf Reaktionen auf deine Pins, das ist der reine Zeitfresser. Im Gegensatz zu sozialen Netzwerken, bei denen die Zielgruppe in der Regel innerhalb der ersten 24 Stunden erreicht wird und danach im Social Media Nirvana verschwinden, werden deine Inhalte auf Pinterest im Laufe von Monaten oder sogar Jahren weiterwachsen. Die kontinuierliche

Veröffentlichung über mehrere Monate hinweg ist der beste Weg, um eine dedizierte Zielgruppe aufzubauen.

Verwende Hashtags

Das Rautezeichen für den Hashtag vor Keywords zu setzen ist eine weitere tolle Möglichkeit, Leuten zu helfen, deine Inhalte zu finden. Hashtags sorgen dafür, dass dein Content angezeigt wird, wenn die Leute nach den Wörtern suchen, die du mit Hashtags versehen hast. Die Höchstanzahl der erlaubten Zeichen für eine Beschreibung auf Pinterest liegt übrigens bei 500, diesen Raum solltest du auch nach Möglichkeit immer ausfüllen.

Setz bei deinen Pins auch mal den Fokus auf den Text

Ja, Pinterest ist eine visuelle Plattform und natürlich spielen da Bilder eine wesentliche Rolle. Allerdings nicht nur die Fotos auf dem Pin, sondern manchmal auch der Text. Ein guter Text macht neugierig und verrät schon ein bisschen, was den Leser hinter dem jeweiligen Bild erwartet. Prüfe einmal selbst dein Verhalten: Klickst du eher auf reine Produktbilder oder auf Grafiken mit prägnanter Überschrift? Vermutlich wird dir auffallen, dass der Text das entscheidende Kriterium ist, was dich dazu bringt einen Pin anzuklicken.

Generell gilt folgende Faustformel bei Pinterest: Gute Bilder führen zu Re-Pins, gute Überschriften zu Klicks. Re-Pins sind zwar ganz nett und ebenfalls erstrebenswert, aber in erster Linie möchtest du ja Traffic generieren und bist somit auf Klicks aus, denn nur Klicks können zu einem erfolgreichen Affiliate-Kauf führen und da kommt der Text auf dem Bild ins Spiel.

Lege daher großen Wert auf die Gestaltung deiner Pins und vor allem auf den Text, den du verwendest. Achte darauf, dass einige deine Pins eine aussagefähige und neugierig machende Überschrift direkt auf der Grafik enthalten. Besonders gut funktionieren Formulierungen, die mit „X Gründe, warum du…“, „Wie Du…“ und „ultimative Anleitungen“ beginnen bzw. diese Phrasen enthalten. Diese solltest du daher möglichst bevorzugen.

Deine Texte auf den Bildern müssen in gut lesbarer, fetter Schrift geschrieben sind. Je leichter lesbar, desto besser. Achte also auf einen ruhigen Hintergrund, große Buchstaben und Schriftarten, die gut erkennbar sind. Viele Leute nutzen Pinterest vorrangig mit der App, entsprechend klein werden online auch die Bilder angezeigt. Daher sind große Überschriften unerlässlich. Übrigens: nicht jeder ist so vertraut mit Pinterest, dass er immer sofort weiß, was zu tun ist, wenn er einen Pin bemerkt. Mach es deinen

Besuchern also so leicht wie möglich und sage ihnen genau, was sie tun sollen. Ergänze klare Handlungsaufforderungen, wie z.B. „Klicke hier und lerne mehr zum Thema XXX oder „lade dir hier den kompletten Guide zum Thema XXX runter". Und ergänze sie sowohl auf deinen Pins als auch in der Beschreibung. Stelle dabei unbedingt den Mehrwert heraus, den jemand durch das Klicken deines Pins geboten bekommt.

Ich nutze übrigens Canva, um meine Bilder für Pinterest zu erstellen. Mit dem kostenlosen Programm kannst du schöne Schriften und andere Effekte hinzufügen. Eine genaue Anleitung, wie du am besten vorgehst, findest du in Kapitel 9.4.

Mehrere Pins führen zur gleichen Webseite (bzw. zum gleichen Affiliate-Link)

Es ist in Ordnung, mehrere Pins zu haben, die zur selben Webseite führen. In der Tat kann es nützlich sein, eine Vielzahl von Bildern zu speichern, die verschiedene Arten von Pinnern ansprechen, aber immer auf das gleiche Produkt verweisen. Stelle aber sicher, dass du einzigartige Beschreibungen verfasst, die für jeden Pin und für jede Pinnwand spezifisch sind, dass verbessert deine SEO.

Man kann nicht zu viele Pins haben

Hab keine Angst davor viel zu pinnen. Bei Pinterest gibt es im Vergleich zu anderen Social Media Plattformen kein „zu viel". Jedoch sollten die Pins immer relevant sein und auf deinen Pinnwänden gut organisiert sein.

Verlinke nur Produkte, die du selbst benutzt oder liebst

Pinne nur Produkte oder Marken, denen du traust, die du am besten schon selbst ausprobiert hast oder die du uneingeschränkt weiterempfehlen kannst. Ich persönlich habe auch keine guten Erfahrungen mit sehr preisintensiven Produkten gemacht, die ich mir höchstwahrscheinlich auch selbst nicht kaufen würde, weil ich sie als zu überteuert empfinde. Deine Follower sind in der Regel auch nur ganz normale Menschen und keine Millionäre.

Teile deine Pinnwände auf deinen Social-Media-Kanälen

Du hast eine große Follower-Gemeinschaft auf Facebook oder Instagram? Prima! Dann teile deine Pinnwände. Menschen direkt zu deinen Pins zu führen, baut auf diese Weise Engagement auf und hilft deinen Pins, an Dynamik zu gewinnen.

Überlege dir gute und prägnante Namen für deine Pinnwände

Stelle sicher, dass deine Boardnamen spezifisch und relevant für deine Zielgruppe sind (und gute Keywords enthalten). Vermeide unbedingt das Hinzufügen zusätzlicher Leerzeichen zwischen den Buchstaben.

Optimiere deine Pinnwand für die Pinterest-Suche. Füge deinen Pinnwandbeschreibungen Keywords hinzu und wählen eine Board-Kategorie aus, damit Pinterest die Inhalte besser versteht und ausgewählten Nutzern anzeigen kann.

Mund-zu-Mund-Propaganda funktioniert auch auf Pinterest

Auch Freunde und Bekannte sind auf Pinterest aktiv und garantiert an deinen Inhalten interessiert, bitte sie doch einfach dir zu folgen. Neu erstellte Pins werden durch Pinterest im ersten Schritt immer an die eigenen Follower verteilt, um herauszufinden, wie hoch die Resonanz ist. Von dort verteilen sich die Pins an andere Nutzer, die nach den gleichen Ideen suchen. Du kannst dazu beitragen, ein authentisches Publikum aufzubauen, indem du deine treuen Follower dazu ermutigst, dir auf Pinterest zu folgen und deine Pins in ihren eigenen Pinnwänden zu teilen.

Die besten Farben

Ein Patenrezept gibt es hier nicht, Grafiken und Bilder unterliegen stark saisonalen Trends und du solltest auch unbedingt deinem eigenen Stil treu bleiben, denn das ist dein Wiedererkennungswert. Jedoch fällt auf, dass die meisten erfolgreichen Pinterest Profile die folgenden Regeln beachten:

- Vermeide zu grelle Farben, Pinterest Nutzer fühlen sich in einem „pastelligen Ambiente“ am wohlsten
- Vermeide schwarz-weiß Bilder und Bilder mit einem zu großen Schwarz-Anteil
- Helle Farben sind besser als dunkle Farben

- Überprüfe regelmäßig deine Verlinkungen

Blogs und Webseiten werden manchmal eingestellt, Produkte werden ausgetauscht oder sind ausverkauft, Preise erhöhen sich so stark, dass das Angebot für den User überhaupt nicht mehr interessant ist. Gekündigte Domains werden von unseriösen Betreibern gekauft und in dubiose Gewinnspielseiten oder kostenpflichtige Dienste verwandelt. Klickt dann ein Pinterest-User auf den einstigen Link, wird es peinlich und zwar für dich.

Daher überprüfe regelmäßig alle deine Links, vor allem bei Pins, die richtig gut laufen. Nichts ist Schlimmer als Traffic, der ins Leere führt oder auf eine Schmuddelseite. Übrigens kannst du Pins, die als 404 enden, auch direkt bei Pinterest melden. damit sie aus dem Kreislauf verschwinden. Nichts ist nerviger als das Vermüllen von Pinterest über die Zeit. Irgendwann wäre die Plattform dann nämlich unbrauchbar.

7.2 Welche Pins und Themen sind am gefragtesten?

Du kannst über wirklich ALLES pinnen! Manche Themen muss man auch einfach ausprobieren. Hier eine kleine Liste der beliebtesten Pins:

- Fashion – Für Frauen, Männer oder Kinder, Schuhe, Accessoires, etc.
- Home – Deko, Inspiration, DIY, Möbel
- Haustiere – Haustierzubehör, Kleidung für Tiere
- Baby – alles, was man für die Schwangerschaft und die Zeit mit Baby benötigt
- Food – Rezepte, Rezeptbücher, Küchenzubehör

Freigestellte weiße Produktbilder kommen in der Regel nicht gut an, besser sind Fotos, die das Produkt vor einem Hintergrund zeigen, z.B. eine Couch in einem hübsch dekorierten Wohnzimmer mit passenden Kissen wird öfter geklickt als das Katalogbild. Oder zeige wie das Produkt verwendet wird. Bei Fashion gilt: Tragebilder sind auch immer schöner als Bilder von Schaufensterpuppen.

Tipp: Du hast einen Pin in einem deiner Boards, der so richtig erfolgreich ist und hervorragende Re-Pins und Link-Öffnungen aufweist? Herzlichen Glückwunsch! Mach dir das zunutze und pinne ihn auch auf einem deiner anderen Boards (die muss natürlich thematisch passen). Die Chance, dass die Abonnenten deiner anderen Pinnwände diesen ebenfalls toll finden und teilen ist sehr groß.

7.3 Warum Pinterest Follower nicht das Wichtigste sind

Ich mag an der Plattform Pinterst, dass die Zahl der Follower überhaupt nicht im Vordergrund steht. Das Jagen nach Followern bei anderen Social Media Netzwerken wie Facebook, Twitter oder Instagram nimmt meiner Meinung nach immer abstrusere Formen an. Accounts werden fast nur noch danach definiert, Engagement ist hier vollkommen zweitrangig.

Pinterest ist vielmehr als eine virtuelle Suchmaschine zu sehen, daher sind Follower überhaupt nicht nötig. Selbst mit wenigen Followern und guten trendigen Pins, die gerne gesucht und gefunden werden, kann man eine gigantische Reichweite aufbauen.

Als Beispiel: Einen Monat nachdem ich angefangen hatte, hatte ich nur fünf Follower und war darüber sehr frustriert (war ich doch verwöhnt von den anderen Social-Media-Kanälen) in denen ich viel mehr Follower aufweisen konnte. Jedoch wurde ich besänftigt, als ich mir die Statistiken genauer anschaute: Bereits nach einem Monat hatte ich 10.000 Betrachter meiner Inhalte und über 400 Interaktionen. Mittlerweile habe ich natürlich viele Follower dazugewonnen, aber: Das kommt von ganz alleine, ich setze mich hier überhaupt nicht unter Druck. Die Follower Anzahl ist überhaupt nicht entscheidend.

Viele Pinterest Follower zu gewinnen sollte also nicht dein primäres Ziel sein. Sieh es vielleicht als schönen Nebeneffekt, aber mehr ist es nicht. Also setz dich nicht unter Druck, weil andere Profile tausende Follower haben. Vermeide auch unbedingt die Follow/Unfollow Taktik, die in anderen sozialen Netzwerken immer wieder empfohlen wird, um neue Follower zu gewinnen. Gerade, weil Pinterest so eine „Wohlfühl-Community“ ist, stößt du hier nicht auf viel Gegenliebe. Folge nur Profilen, die dir sympathisch sind und mit ähnlichen Inhalten, aber entfolge nicht wenige Tage danach wieder.

7.4 Mehr Follower auf Pinterest

Trotzdem habe ich ein paar Tipps für dich, wir du die Anzahl deiner Follower steigern könnt:

Lade deine Follower auf anderen Social-Media Netzwerken ein, dir auch auf Pinterest zu folgen

Es klingt vielleicht zu plausibel, aber es wird selten gemacht: Einfach mal deine Fans auf anderen sozialen Netzwerken fragen, ob sie dir nicht auch auf Pinterest folgen möchten. Locke sie mit interessanten Inhalten an. Wenn du sie nicht fragst, würden die User auf den anderen sozialen Netzwerken eventuell gar nicht auf die Idee kommen, dass du auch auf Pinterest aktiv bist. Wenn du die User darauf aufmerksam machst und sie auf den anderen Plattformen bereits zufrieden mit dir sind, werden sie dir auch auf Pinterest folgen.

Du kannst auch direkt deine Pins oder Boards auf deinen anderen Social Media Accounts oder deiner Webseite (falls vorhanden) teilen. Untersuchungen zeigen, dass Leute eher Pinnwänden folgen, die sie interessieren und nicht nach einer bestimmten Person oder Seite suchen. In den Einstellungen von Pinterest findest du eine Option "Pinterest der Chronik hinzufügen". Wenn du diese auswählst, kannst du Pinterest sowohl deiner Facebook- als auch deiner Twitter-Seite hinzufügen.

Folge anderen Profilen und Pinnwänden

Wie bereits oben geschrieben solltest du nicht erwarten, dass dir jemand zurückfolgt, nur, weil du ihm folgst. Jedoch kannst du dadurch auf dich aufmerksam machen und manchmal funktioniert es auch. Voraussetzung dafür ist, ihr habt die gleichen Interessen.

Es ist leicht, anderen Benutzern auf Pinterest zu folgen. Klicke einfach auf ihren Seiten auf "Folgen". Du kannst auch auf Pins von anderen kommentieren. Mache positive Anmerkungen wie z.B. "Tolle Idee, gefällt mir sehr". Dies verleitet die Leute auch, dir zu folgen. Bring jedoch nicht zu viele Kommentare am Tag an, ansonsten könnte dein Account als Spam gemeldet werden.

Re-pinne die Pins von Anderen

Dies gehört sowieso zu deiner Strategie: Eine gute Mischung aus eigenen (Affiliate-) Pins und Pins anderer Nutzer (Re-Pins). Du hast dazu den netten

Nebeneffekt, dass die Urheber deiner Re-Pins sich auf deinem Profil umschauen und dir unter Umständen folgen.

7.5 Pinterest in Englisch oder Deutsch?

Das kommt ganz auf dein Zielpublikum an und bei welchen Partnerprogrammen du angemeldet bist. Ich habe mit deutschsprachigen Pins und Produkten aus deutschen Onlineshops angefangen und bin später dazu übergegangen meine Pins in Englisch zu verfassen. Der Grund: Ich habe festgestellt, dass meine Pins selten von deutschen Nutzern gesammelt werden, sondern der Großteil davon weltweit viral geht. Daher die englischen Texte, denn Englisch wird von einem Großteil der Welt verstanden. Im Moment gehe ich dazu über meine Pins zweisprachig zu gestalten und erhalte damit die besten Ergebnisse. Das heißt: Ich teile die verfügbare Zeichenzahl in einen deutschen Text und übersetze den gleichen Text daraufhin ins Englische, genauso verfahre ich mit den dazugehörigen Keywords.

Für den Anfang reicht es vollkommen aus, dass du bei Deutsch bleibst. Mit der Zeit kannst du schauen, welche Nutzer am häufigsten deine Pins re-pinnen und gegebenenfalls umstellen. Ganz wichtig ist, dass Sprache und Partnerprogramm zusammenpassen. Das heißt: Bei einer deutschen Beschreibung erwartet der User auch einen deutschen Onlineshop, bei einer englischen Beschreibung kann es auch ein amerikanischer oder internationaler Webshop sein. Das Credo lautet hier: Mach es deinen Besuchern so leicht wie möglich, sonst springen sie ab und es kommt damit kein Kauf zustande und du verdienst kein Geld.

7.6 Sollte man schlecht laufende Pins löschen?

Ist es eigentlich eine gute Idee, Pins mit wenigen oder gar keinen Re-Pins nach einiger Zeit wieder zu löschen? Die Meinungen dazu gehen sehr weit auseinander. Zum einen wird immer wieder die Idee vorgebracht, dass Engagement der Nutzer von Pinterest belohnt wird. Daher gibt es einige Befürworter, die dies regelmäßig tun und darauf hoffen, dass dadurch auch ihr Ranking bei Pinterest steigt.

Allerdings ist das Löschen von Pins sehr aufwendig, gerade wenn du schon lange dabei bist und tagtäglich viele neue Inhalte hochlädst – dann gleicht solch eine Aufräumaktion einer Mammutaufgabe. Diese Zeit wäre womöglich anderswo besser investiert.

Letztlich muss es jeder für sich selbst entscheiden, ich persönlich lösche relativ selten Pins, sondern passe Sie lieber an (Änderung der Beschreibung oder Keywords). Zudem sollte man darauf achten, dass Pins eine sehr lange Lebensdauer haben, manchmal gehen Sie erst nach Monaten so richtig durch die Decke.

Eine eventuell bessere Strategie besteht darin, dir deine Pinnwände zu betrachten, also die Boards herauszufinden, die kaum oder gar nicht laufen. Eine praktische Auswertung bietet das Tool Tailwind. Es zeigt dir deine Engagement Rate an. Unter → Track your Brand → Board insights gibt es eine aufschlussreiche Übersicht. Der Wert ist das Verhältnis aus Pins, Re-Pins und Followern. Je höher, desto besser. Ein Wert über 10 ist super, ein Wert unter 1 oder 2 ist sehr schlecht. Gegebenenfalls macht es Sinn hier einige Pins in besser laufende Boards zu schieben. Allerdings würde ich niemals ein Board mit Followern löschen, schalte es lieber auf unsichtbar, sonst verlierst du deine wertvollen Follower.

8 Was du sonst noch wissen musst

8.1 Gewerbeanmeldung und Steuern

Die Gewerbeanmeldung ist in Deutschland für alle Personen notwendig, die einer gewerblichen Tätigkeit nachgehen, egal ob diese haupt- oder nebenberuflich ist.

Laut §15 Abs.2 EStG ist eine gewerbliche Tätigkeit an den folgenden Punkten zu erkennen:

- Man muss **selbständig tätig** und für die eigenen Entscheidungen verantwortlich sein
- Ein Gewerbe muss **nachhaltig** sein und damit langfristig angelegt.
- Das wohl wichtigste Merkmal ist die **Gewinnerzielungsabsicht**, also das „Geld-Verdienen-Wollen“
- Man **handelt** mit anderen Unternehmen und Selbständigen Waren und Leistungen

Sind diese Punkte gegeben (es müssen allerdings nicht alle erfüllt sein), dann ist eine Gewerbeanmeldung notwendig.

Für Blogger, Affiliates und Websites-Betreiber ist vor allem die Gewinnerzielungsabsicht ein klares Indiz. Wer also irgendeine Einnahmequelle einbaut, sei es Google AdSense, Affiliate-Links oder nur einen bezahlten Link, der muss ein Gewerbe anmelden und das gilt natürlich auch für Affiliate-Links bei Pinterest. Eine Gewerbeanmeldung geht schnell und einfach und kann im örtlichen Gewerbeamt vorgenommen werden.

<u>Einkommensteuer</u>

Die erzielten Einkünfte aus dem Gewerbe unterliegen generell der Einkommensteuer (§ 2 Abs. 1 Nr. 2 EStG). Bereits die Aufnahme einer Tätigkeit mit Gewinnabsicht führt zum Einkommensteuertatbestand. Du bist aber erst zur Abgabe der Einkommensteuererklärung verpflichtet, wenn deine Einnahmen abzüglich von Ausgaben, den Grundfreibetrag (2017: 8.820 Euro, 2018: 9.000 Euro) übersteigen (§ 56 EStDV).

Achtung: Wenn du einen Haupterwerb hast, also Einkünfte aus nichtselbstständiger Arbeit beziehst, gilt lediglich eine Freigrenze von 410 Euro pro Jahr (§ 46 Abs. 2 Nr. 1 EStG).

Umsatzsteuer:

Deine erzielten Einnahmen als Affiliate sind prinzipiell umsatzsteuerpflichtig. Tatsächlich entsteht die Pflicht zur Zahlung der Umsatzsteuer bereits bei der Intention, Einnahmen zu erwirtschaften und nicht erst, wie bei der Einkommensteuer, bei der Absicht Gewinne zu erzielen. Neben der Jahresumsatzsteuererklärung müssen unter Umständen monatliche Umsatzsteuervoranmeldungen abgegeben werden, worin der monatliche Umsatz zu erklären ist. Letzteres kann man umgehen, sofern durch die Aktivitäten im Web der Umsatz im vorangegangenen Jahr die Grenze von 17.500 Euro nicht übersteigt. In einem solchen Fall kann man nämlich die Kleinunternehmerregelung nach § 19 Abs. 1 Satz 2 UStG in Anspruch nehmen. Als Folge wird auf gestellten Rechnungen keine Umsatzsteuer aufgeführt, so dass diese nur netto bezahlt werden. Vorteile ergeben sich durch die Vereinfachungen für die Rechnungsstellung sowie die Umsatzsteuererklärung. So sind z.B. keine Umsatzsteuervoranmeldungen abzugeben, wenn man als Kleinunternehmer gilt. Der Nachteil besteht darin, dass Blogger und Influencer die Umsatzsteuer, die an andere Unternehmer gezahlt wurden, nicht durch den Vorsteuerabzug vom Finanzamt zurückfordern können. Planst du größere Investitionen, so könnte es sich lohnen, auf die Kleinunternehmerregelung zu verzichten.

Gewerbesteuer:

Jemand, der ein Gewerbe betreibt, ist grundsätzlich verpflichtet die Gewerbesteuer zu zahlen. Die Gewerbesteuer fällt jedoch erst an, wenn der Gewinn die Freigrenze von 24.500 Euro (§ 11 Abs. 1 Nr. 1 GewStG) überschreitet. Für viele nebenberufliche Blogger, wird diese Steuer somit keine große Rolle spielen. Eine Gewerbesteuererklärung muss jedoch unabhängig von der Höhe des Gewinns abgeben werden. Vorsicht bei einer GbR: Erzielt diese auch nicht nur geringfügig gewerbliche Einkünfte, werden alle Einkünfte der GbR insgesamt gewerblich.

Achtung: Dies ist keine Rechtsberatung. Fragt bei Unsicherheiten bei eurem Finanzamt oder Steuerberater nach. Es gibt zahlreiche Bücher und Webseiten zu diesen Themen, daher werde ich an dieser Stelle nicht näher darauf eingehen.

8.2 Pinterest und Copyright

Die gesetzlichen Bestimmungen für die private Verwendung fremder Bilder sind in vielen Ländern wie z.B. in den USA relativ locker. Hier können Bilder von privaten Blogs auch ohne ausdrückliche Erlaubnis gepinnt werden, sofern auf der Seite keine anderen Angaben gemacht werden. In Deutschland gibt es diese Regel nicht. Prinzipiell gilt, wenn du Bilder von einem Rechteinhaber ohne Erlaubnis des Rechteinhabers bei Pinterest einstellst und damit verteilst, verstößt du gegen das Urheberrecht. Man sollte eigentlich davon ausgehen, dass die meisten nichts dagegen haben und das prinzipiell befürworten, wenn ihre Inhalte beworben werden, aber das trifft eben nicht auf alle zu und manche suchen auch einfach nach einem Grund zur Abmahnung.

Ich persönlich halte es so: Ich poste fast nur Bilder, die ich selbst erstellt habe oder die Originalbilder von Onlineshops, denn hier kann man eigentlich davon ausgehen, dass sie Interesse daran haben, dass ihre Produkte bekannt gemacht und somit auch verkauft werden. Ansonsten re-pinne ich nur Inhalte, die schon sehr oft geteilt wurden, denn hier ist das Risiko auch recht gering.

Um auf Nummer sicher zu gehen, achte auch die folgenden Punkte:

Eigene Bilder pinnen

Hier gibt es logischerweise gar keine Probleme, eigene Bilder können immer gepinnt werden.

Erlaubnis einholen

Wenn der Eigentümer sein ok für die Verwendung der Bilder auf Pinterest gibt (am besten per Mail oder schriftlich), kannst du die Bilder ebenfalls verwenden.

Pin-it Button = mutmaßliche Einwilligung

Wenn der „Pin-it“ Button auf der Seite eingebunden ist oder eine andere Möglichkeit zum Teilen auf Pinterest angeboten wird, gilt das als stillschweigendes Einverständnis. Wenn der Seitenbetreiber dir eindeutig die Möglichkeit gibt, Bilder unkompliziert über Pinterest zu teilen, kannst du davon ausgehen, dass er nichts dagegen hat, wenn du die Bilder pinnst.

Creative Commons

Bilder mit einer Creative Commons-Lizenzen (steht meistens in der Sidebar oder im Impressum), dürfen verwendet also auch gepinnt werden, wenn die Lizenzbedingungen eingehalten werden.

Quellenangabe

Wenn du fremde Bilder pinnst, gib stets die Original-Quelle in der Beschreibung mit an. Das ersetzt zwar nicht die Erlaubnis des Besitzers der Bilder, aber die meisten Leute sind dadurch etwas besänftigt und werden nicht gleich zum Anwalt marschieren.

8.3 Kennzeichnung von Werbung

Das Kennzeichnen von Werbung ist ein sehr heiß diskutiertes Thema in den vergangenen Jahren und es gibt hier auch keine einheitliche Vorgehensweise. Man mag meinen, das in Deutschland durch Gesetze, Verordnungen und Vorgaben alles bis ins kleinste Detail geregelt ist. Doch gerade bei der Kennzeichnungspflicht für Affiliate-Links scheint dieser Regelungswahn ausgesetzt zu haben und schafft dadurch eine rechtliche Grauzone und damit Unsicherheit für Blogger. Auch ich kann keine Rechtsberatung geben, sondern nur ein paar Vorschläge und Hinweise, wie ich damit verfahre.

Im § 6 Abs.1 Nr.1 des Telemediengesetzes (TMG), ist ganz klar geregelt ist, das kommerzielle Kommunikation auch als solche erkennbar sein muss. Das bedeutet, dass Werbung nach TMG grundsätzlich auch als solche gekennzeichnet werden muss. Nun stellt sich aber die Frage, ob Affiliate-Links als Werbung gelten und damit unter die Regelung des Telemediengesetzes fallen?

Man kann ohne Kennzeichnung auf Produkte, Dienstleistungen oder Unternehmen verlinken, wenn dadurch keine finanzielle Gegenleistung erfolgt. Da für Affiliate-Links und Banner keine direkte Vergütung bzw. Gegenleistung erfolgt, könnte man annehmen, dass die Kennzeichnungspflicht entfällt. Wenn man auch keine direkte Vergütung erhält, so wird jedoch indirekt vergütet und das bietet Platz für Interpretationen und eine verschiedenartige Auslegung der Gesetzeslage.

Um auf der sicheren Seite zu sein rate ich dir daher alle Affiliate-Links auch als solche zu kennzeichnen. Ich handhabe das so, dass ich in den Beschreibungstext bei Pinterest vor dem Setzen der Hashtags die Wörter „Werbung“ oder „Affiliate-Link“ schreibe.

9 Hilfreiche Programme und Tools rund um Pinterest

9.1 Pinterest Analytics

Pinterest bietet ein hervorragendes eigenes Analyse-Tool. Wenn du die Zahlen richtig deutest, kannst du damit geeignete Strategien ableiten und deine Reichweite enorm vergrößern.

Die Voraussetzung hierfür ist ein bestehender Business-Account. Wenn du dich im Analytics-Bereich anmeldest, wirst du zum Haupt-Dashboard weitergeleitet. Dieser Abschnitt bietet bereits reichlich Informationen, aber noch spannender sind die Details. Nachfolgend erkläre ich dir die drei wichtigsten Analytics-Funktionen und wie du sie für dich nutzt:

Dein Pinterest-Profil

Die erste Funktion "Dein Pinterest-Profil" umfasst sowohl deine eigenen Pins, als auch fremden (von dir gepinnten) Content und lässt sich in folgende grundlegende Bereiche unterteilen:

Pin-Aufrufe:

Dieses Feld zeigt dir an, wie oft deine Pins im Pinterest-Feed der Nutzer angezeigt werden. Es zeigt aber noch nicht an, ob die Nutzer auch mit deinen Pins interagiert haben. Du kannst den Zeitraum beliebig verändern und dir verschiedene Wochen oder Monate anzeigen lassen.

Gemerkte Pins (Re-Pins):

Hier siehst du alle Pins, die in anderen Pinnwänden gesammelt wurden. Den Pin in der eigenen Pinnwand zu sammeln, ist ein erster wichtiger Aktionspunkt und sagt aus, wie attraktiv das Thema für deine Zielgruppe ist.

Klicks:

Hier findest du die Gesamtanzahl aller geklickten Links. Für Affiliate-Links sicherlich die wichtigste Metrik, denn nur durch ausreichend Klicks auf deine Pins besteht die Chance, dass die Besucher auch die beworbenen Produkte kaufen.

All-Time:

Bietet dir eine Übersicht der besten Pins. Die Analytics deines Pinterest-Profils zeigt dir die Gesamtperformance deiner eigenen Pins und deiner Re-Pins an, leider lässt sich das nicht auseinanderhalten. Jedoch liefert es dir wertvolle Einblicke um zu verstehen, was deine Zielgruppe sucht, welcher Content für deine Besucher interessant ist und welche Gestaltung der Pins am besten ankommt.

Außerdem kannst du an der Linie erkennen, wie gut dein Profil perfomed und ob es wächst, die Linie sollte also bis auf kleinere saisonale Schwankungen stetig nach oben gehen. Wichtig ist die Unterscheidung zwischen Aufrufen (= Nutzer, die deine Pins im Feed oder den Suchergebnissen angezeigt bekommen) und Betrachtern (= Nutzer, die den Pin auch wirklich anklicken und betrachten).

Weiter unten unter "Pinterest-Profil –> Aufrufe" erhältst du eine Übersicht über deine besten Pins der letzten 30 Tage. Du erkennst, welche Inhalte bei den Lesern gut ankommen und kannst daraufhin deinen eigenen Content anpassen. Achte auf das Verhältnis von Aufrufen zu Re-Pins und Klicks. Ein Pin mit einer hohen Anzahl an Aufrufen, aber wenigen Klicks darauf, ist ein Indiz für eine sehr gute Grafik, aber einer unzureichenden Beschreibung, die nicht dazu animiert auf den Link zu klicken. Kurz gesagt: Du hast ein super Bild, aber verdienst damit kein Geld, denn niemand klickt darauf. Die Beschreibungen solltest du dringend nachbessern. Auch der Bereich "Pinnwände mit den häufigsten Pinaufrufen" ist interessant: Hier siehst du, welche deiner Pinnwände momentan sehr beliebt sind und kannst sie durch strategisches Pinnen und Keyword-Optimierung dementsprechend pushen. Meine erfolgreichsten Pinnwände verschiebe ich gerne an den Anfang, damit sie sofort gefunden werden.

Zielgruppenreichweite

Unter dem Reiter „Zielgruppenreichweite“ lassen sich Nutzer und Follower anhand ihres Herkunftslandes und -gebietes, Geschlechts und ihrer Sprache genauer bestimmen. Weiterhin wird für einen bestimmten Zeitraum grafisch dargestellt, wie viele Betrachter mindestens einen Pin gesehen haben sowie Interaktionen, die Pins hervorgerufen haben.

Anhand dieser Informationen kannst du Pins gezielt an deiner Zielgruppe ausrichten. Dank der Übersicht habe ich beispielsweise festgestellt, dass ich eine relativ große internationale Zielgruppe habe und folglich einige meiner Pins in Englisch oder zweisprachig verfasst habe. Im Bereich „Interessen“ lässt sich eine inhaltliche Orientierung deiner Zielgruppe ableiten. Nutze Keywords aus den vorgeschlagenen Kategorien und sammle Ideen für neue Themen, die deine Zielgruppe ebenfalls interessieren könnten.

Website

Die letzte Analyse-Seite gibt Auskunft über Inhalte, die von der eigenen Website stammen. Das funktioniert natürlich nur, wenn du eine Webseite besitzt und diese mit deinem Pinterest-Profil verknüpft hast. Eine detaillierte Ansicht nach Aufrufen, Re-Pins, Klicks und All-Time ist wie im Übersichts-Teil auch in der Website-Analyse abrufbar. Da unser Ziel aber darin besteht ohne Webseite mit Pinterest Geld zu verdienen, werde ich nicht weiter darauf eingehen.

9.2 Tailwind

Das Posten von Affiliate-Pins zur richtigen Zeit hat meine Provisionseinnahmen fast sofort verbessert. Allerdings decken sich die Zeiten, zu denen deine Zielgruppe aktiv ist, nicht unbedingt mit denen, zu denen du online bist und Zeit hast, neue Inhalte zu pinnen. Wenn du nicht viel freie Zeit hast, empfehle ich dringend einen Scheduler wie Tailwind, um deine Pins den ganzen Tag zu optimalen Zeiten zu posten. Das Tolle an Tailwind ist, dass es deine Pins analysiert und zeigt, wie oft deine Pins am besten funktionieren. Sobald du deinen persönlichen Zeitplan festgelegt hast, lädst du deine Pins in den Kalender. Von dort wird Tailwind diese Pins automatisch für Wochen posten, je nachdem wie du es einrichtest.

Tailwind braucht eine Browsererweiterung. Die gibt es für Google Chrome, Apples Safari ebenso wie für den Firefox. Die Installation läuft schnell und problemlos ab, danach kannst du sofort starten. Du kannst mit Tailwind einiges machen: Rufe den Home Feed, ein starkes Gruppenboard, die Liste der aktuell gefragten Pins oder eine Pinnwand auf, die lohnende Objekte verspricht. Dann klickst du, überall wo etwas passen könnte, auf das blaue Tailwind-Symbol. Das PopUp ignorierst du. Tailwind speichert alle angeklickten Seiten umgehend als Draft.

Genau dort findest du sie dann wieder als Entwürfe. Du kannst jetzt in Ruhe schauen, welcher Pin in welches Board passt. Sind Dubletten dabei, sagt Tailwind dir das und es erscheint eine Warnung. Tailwind verhindert so zuverlässig, dass man Dubletten pinnt. Eine überaus nützliche Funktion, denn nach einer Weile weiß niemand mehr, ob er den Pin schon hatte oder nicht.

Tailwind schlägt Zeiten vor, zu denen gepinnt werden soll. Allerdings rate ich hier zur Vorsicht, denn auch wenn man die korrekte Zeitzone einstellt, sind die Vorschläge meist nicht zu gebrauchen. Definiere dir lieber deine eigenen Zeiten. Du kannst einen Pin übrigens nicht mehrmals zeitlich einplanen, also ihn nicht im vornherein zu verschiedenen Zeiten verschicken. Das kann Tailwind nicht. Hingegen ist das Pinnen eines Pins auf mehreren Boards kein Problem.

Tailwind bietet dir an, Pins auch auf Twitter oder Facebook zu posten. Diese Funktion klingt recht praktisch, jedoch verzichte ich darauf, da sonst meine Social-Media-Kanäle zu sehr vollgespammt werden. Ich erstelle lieber individuelle Posts und verlinke bevorzugt auf eine ganze Pinnwand und nicht nur auf einen einzelnen Pin.

Tailwind zeigt alle verfügbaren Grafiken einer Seite zusammen mit einem Text an - Title oder Meta Description sofern vorhanden. Man hat dann eine Auswahl. Im nächsten Schritt wird eine Pinnwand bestimmt – es können auch mehrere sein. Der Titel wird nicht zur Veränderung angeboten.

Es existiert eine kostenlose Version, die meiner Meinung nach auch vollkommen ausreichend ist. Wer von Premium-Funktionen profitieren möchte, der kann für ca. 15 Euro im Monat die kostenpflichtige Version kaufen.

9.3 Boardbooster

Boardbooster ist ebenfalls ein Planungstool-Tool, genauso wie Tailwind. Welches Programm dir besser liegt, probierst du am besten selbst aus, das ist Geschmackssache. Boardbooster ist optisch deutlich schlichter als Tailwind, der erste Eindruck täuscht aber gewaltig.

Eine beliebte Funktion ist das sogenannte Looping. Dahinter versteckt sich ein automatischer Re-Pin-Service, der schon vorhandene Pins erneut postet. Das lässt sich vielfältig einstellen in Bezug auf die Frequenz oder die Art der anzuheftenden Pins. Sogar deine Cover Pins kannst du ausschließen. So einfach war es nie, Pinnwände vollzukriegen. Allerdings ist es für ein sinnvolles Funktionieren erforderlich schon gut gefüllte Boards zu haben.

Selbstverständlich kannst du hier ebenfalls deine Pins planen. Deine Pins werden zu den besten Zeiten veröffentlicht, also dann, wenn deine Zielgruppe am aktivsten ist. Die Pins werden gleichmäßig verteilt und nicht alle auf einmal gepinnt. Die Planungsfunktion nutzt geheime Boards, um deine Pins zu sammeln und sie später zu veröffentlichen.

Boardbooster ist etwas günstiger als die Monatsgebühr bei Tailwind, da der Preis nach der Anzahl der Pins gestaffelt wird. Die Preise beginnen bei 5 Dollar für 500 monatliche Pins, also ein durchaus überschaubarer Betrag für die enorme Zeitersparnis.

9.4 Canva

Mit Hilfe von Canva lassen sich moderne und professionelle Grafiken erstellen und das ganz ohne Vorkenntnisse oder Grafiker Ausbildung. Das Programm ist komplett online und muss nicht installiert werden. Mittlerweile gibt es sogar schon fertige Pinterest-Vorlagen, die du nur noch mit deinen Bildern und Texten anpassen musst. Canva ist komplett kostenlos, jedoch ist die Auswahl der kostenlosen Grafiken und Templates eher gering. Entweder du nutzt ausschließlich deine eigene Bilder (das würde ich dir sowieso empfehlen) oder es werden ca. 1 Dollar pro Bild verlangt, was aber auch ok ist.

<u>Wie man mit Hilfe von Canva erfolgreiche Pinterest Grafiken erstellt</u>

Nachfolgend möchte ich dir eine kurze Schritt-für-Schritt-Anleitung geben, um schnell und einfach deine ersten eigenen Grafiken zu erstellen:

1. Du musst dich bei Pinterest anmelden, dazu reicht deine E-Mail-Adresse und ein Passwort

2. Neues Design erstellen

Nachdem du dich eingeloggt hast, siehst du die folgende Übersicht:

Wenn hier schon die Vorlage für die Pinterest Grafik dabei ist, kannst du direkt draufklicken, ansonsten klicke auf das weiße +-Zeichen ganz rechts. Unter „Beiträge für soziale Medien“ findest du die gewünschte Vorlage.

4. Hintergrund bestimmen

Im ersten Schritt solltest du einen ansprechenden Hintergrund einfügen, dafür gibt es zwei Möglichkeiten:

- In der Menüleiste kannst du auf Uploads klicken und lädst ein Bild von deinem Computer hoch, oder:

- Mit einem Klick auf „Hintergrund“ kannst du im Suchfeld eingeben nach was du genau suchst (Achtung: nicht alle Bilder sind kostenfrei)

Wenn du ein Foto gefunden hast, dass dir gefällt, dann kannst du es mit der Maus nach rechts auf deine Pinterest-Vorlage ziehen und gegebenenfalls auf die Größe anpassen.

5. Überschrift hinzufügen

Im nächsten Schritt geht es darum, dass du das Bild um einen aussagekräftigen Text ergänzt. Dazu klickst du in der Navigationsleiste auf „Text“. Wähle zwischen den vordesignten Textbausteinen oder den einfachen Textfeldern. Ich nutze in der Regel die einfachen Textfelder, da sie individueller sind und ich sie besser anpassen kann.

Klicke nun auf „Überschrift hinzufügen“ und ein Textfeld wird auf Deinem Bild erscheinen. Dieses Textfeld kannst du beliebig bearbeiten und die Schriftart und Farben anpassen. Die Schriftart und -farbe sollte einen guten Kontrast zum Bild haben, damit die Schrift gut lesbar ist.

6. Erhöhe die Lesbarkeit deiner Überschrift durch ein farbiges Feld

Um die Lesbarkeit deiner Überschrift deutlich zu verbessern, solltest du sie unbedingt durch ein farbiges Feld vom Rest des Bildes abheben. Dazu klickst du links im Menü auf Elemente und wählst anschließend „Formen“ aus, in den meisten Fällen wird dies das Quadrat sein.

Klicke nun auf die Form und schon wird sie deinem Bild hinzugefügt. Die Größe kannst du beliebig verändern und an die Größe deines Texts anpassen. Um sie hinter den Text zu bringen, klicke auf „anordnen“ und dann „zurück“ und schon sollte die Form hinter dem Text erscheinen.

Siehe dazu den Vorher/Nachher Vergleich:

Fertig – du musst nur noch das Bild herunterladen.

Um deine fertige Grafik herunterzuladen klickst du oben rechts auf den Button „Herunterladen“. Anschließend kannst Du wählen, ob Du lieber eine Datei im

PNG-Format, oder im JPG-Format herunterladen möchtest. PNG ist das qualitativ bessere Bild, daher würde ich dir dieses Format empfehlen.

Die Datei wird zum einen auf deinem Computer gespeichert und ebenfalls automatisch bei Canva, so dass du bei deinem nächsten Besuch in Canva kein komplett neues Bild erstellen musst, sondern auf deine Vorlage zurückgreifen kannst.

Wo gibt es kostenloses Bildmaterial?

Die kostenpflichtigen Bilderportale wie Shutterstock oder Fotolia kennt sicherlich jeder. Was die wenigsten wissen, es gibt auch Datenbanken, in denen Fotos zur Gratis-Nutzung lagern – mit hoher Qualität. Befürchtungen, bei den Gratis-Fotos könnte es sich um qualitativ minderwertige Ware handeln, sind unbegründet. Vielfach handelt es sich um Profi-Aufnahmen, die es trotzdem umsonst gibt. Achte bitte unbedingt immer auf die Nutzungsbedingungen. Viele Fotografen stellen ihre Aufnahmen zwar kostenlos zur Verfügung, bestehen aber zum Beispiel auf Nennung der Quelle durch einen Copyright-Vermerk. Beachtetest du diese Regeln nicht, nutzt du die Bilder widerrechtlich.

Ich persönlich nutze am liebsten Pixabay, denn alle Fotos sind in der Public Domain, also gemeinfrei. Sie dürfen daher kostenlos nahezu beliebig eingesetzt werden, privat und kommerziell und man muss keine Quelle angeben (was bei Pinterest-Posts leider auch sehr schwierig ist).

Weitere kostenfreie Bilddatenbanken sind:

Aboutpixel
Pixelio
Pexels
Unsplash
Public Domain Archive
Pixambo
PLiXS

10 Zu guter Letzt

Ich hoffe, ich konnte dir in diesem Buch einen umfassenden Überblick über Pinterest geben und dir zeigen, wie du schnell und einfach durch das Setzen von Affiliate-Links Geld verdienen kannst. Nun liegt es an dir, was du mit diesem Wissen machst. Ich freue mich auf deine Erfolgsgeschichte! Zwei Dinge möchte ich dir abschließend noch mit auf den Weg geben:

10.1 Geduld, Geduld und nochmals Geduld

Wie bei allen anderen Dingen im Leben, gilt auch hier: Kein Mensch wird über Nacht erfolgreich, dahinter steckt jahrelange Arbeit. Zahlreiche Erfolgsgeschichten im Internet wollen uns etwas anderes weis machen, jedoch steckt auf dem zweiten Blick ein sehr ausgeklügeltes Management dahinter, welches mit diesen Geschichten Geld verdienen möchte. Das darf man nie vergessen! Geduld und Ausdauer sind der Weg zum Erfolg. Jedes erfolgreiche Profil hat mal klein und bedeutungslos angefangen.

Der Aufbau eines Pinterest-Profils ist im Vergleich zu anderen sozialen Medien ein langfristiges Projekt, so dass es mehrerer Monate bedarf, bis eine gewisse Anzahl an Followern, Re-Pins und Top-Platzierungen in den Suchergebnissen erreicht wird. Jedoch kann man nach ein paar Monaten schon die ersten Umsätze erreichen und sich langfristig ein solides Einkommen aufbauen. Habe bitte Geduld. Gerade am Anfang muss man viel probieren und die für sich geeignete Nische finden, das braucht einfach ein bisschen Zeit.

10.2 Pinterest und Affiliate-Marketing – ein Ausblick

Pinterest und Affiliate-Marketing: Bei meinen Recherchen für dieses Buch und aus meinen eigenen Erfahrungen habe ich festgestellt, dass Pinterest hier in Deutschland noch in den Kinderschuhen steckt. In den USA geht das ganze schon viel weiter. Es ist (noch) relativ unbekannt, dass man direkt mit einem Pinterest Account ohne Bloganbindung Geld verdienen kann. Leider sind auch die meisten großen deutschsprachigen Partnerprogramme noch nicht soweit und bieten die Zusammenarbeit noch nicht mit reinen Pinterest Accounts an. Das ist sehr schade, aber wie bei allen Online-Themen ist es nur eine Frage der Zeit, bis auch das über den großen Ozean herüberschwappt. Mit Pinterest lässt sich mit den von mir dargestellten Partnerprogrammen gutes Geld verdienen – nicht sofort und über Nacht, aber bei Durchhaltevermögen und

Regelmäßigkeit kann man sich über Jahre hinweg eine große Reichweite aufbauen.

Ich vermute, dass in den nächsten Jahren immer mehr Partnerprogramme auf den Zug aufsteigen werden und Pinterest noch mehr an Bedeutung gewinnt.

Printed in Poland
by Amazon Fulfillment
Poland Sp. z o.o., Wrocław

90827288R00042